U0951136

照亮心灵的125个启迪

李　鹏　张茗馨◎著

北京工业大学出版社

图书在版编目（CIP）数据

照亮心灵的 125 个启迪 / 李鹏，张茗馨著. —北京 ：北京工业大学出版社，2015.7

ISBN 978-7-5639-4365-4

Ⅰ. ①照… Ⅱ. ①李… ②张… Ⅲ. ①人生哲学－青少年读物 Ⅳ. ①B821-49

中国版本图书馆 CIP 数据核字 (2015) 第 131752 号

照亮心灵的 125 个启迪

著　　者：李　鹏　张茗馨
责任编辑：贺　帆
封面设计：尚世视觉
出版发行：北京工业大学出版社
（北京市朝阳区平乐园 100 号　邮编：100124）
010-67391722（传真）　bgdcbs@sina.com
出 版 人：郝　勇
经销单位：全国各地新华书店
承印单位：北京天正元印务有限公司
开　　本：787 毫米 ×1092 毫米　1/16
印　　张：18
字　　数：220 千字
版　　次：2015 年 8 月第 1 版
印　　次：2015 年 8 月第 1 次印刷
标准书号：ISBN 978-7-5639-4365-4
定　　价：29.80 元

版权所有　翻印必究

（如发现印装质量问题，请寄本社发行部调换 010-67391106）

前　　言

《照亮心灵的125个启迪》精选了最具哲理性的精品故事和启迪性的心灵小语，这是一本最经典的青少年成长读物，是家长送给青少年最好的礼物。

在《照亮心灵的125个启迪》中，哲学不再是抽象的、难懂的概念。我们用故事为青少年呈现一个认识世界本质与真理，探索生命意义与道德标准，体味真诚、善良与美丽的哲学新天地，让哲学不再遥远，让青少年懂得生活的真正内涵。

《照亮心灵的125个启迪》所涉及的主要内容有爱心、自信、付出、坚强、宽容、诚信、行动、心态、亲情、感恩等多个方面，几乎囊括了青少年为人处世及个人成长的方方面面。文学大师的人生智慧、草根人物的真实体验，将带你体验前所未有的心灵旅行，点亮智慧人生，最大限度激发你的潜能。

全书分为八个部分，每个部分中含有多个故事，每个故事由两部分构成，前面部分是精选的故事主干，后面则是心灵启迪的点睛之笔，主要是对故事内涵进行深入挖掘和哲理阐述。

本书每一个故事都是温润青少年心灵的爱的处方，犹如润物无声的春雨悄悄洒落在青少年们的心田。通过阅读这些短篇故事，能够使青少年们增长智慧，启迪心灵。品读每一篇文章，青少年们都将收获一次心灵的洗礼。

最具哲理的精彩故事，最能激发思维的心灵启迪，不能复制的人生经历，我们用故事为你营造一个真善美的世界，让意味隽永的故事陪你度过单纯的时光，让充满哲理的话语为你塑造良好的品格。让青少年进入一个个小故事所营造的真善美的世界，在故事中受到教育，懂得人生的真谛，获得心灵的提升，在阅读中获得真正的快乐，完成人生的另一种教育——心理教育。

“己欲立而立人，己欲达而达人；己所不欲，勿施于人”。一个个生动的小故事，会让你豁然开朗，从中悟出所有，放下自己，去与人平等、友好地相处。

目　录

第一章　快乐成长

第二章　爱与感恩

第三章 宽广的心胸

第四章　简单地生活

第五章 经风雨见彩虹

第六章　幸福是一种习惯

第七章 做情绪的主人

第八章　放松自己

第一章 快乐成长

棍棒下成长起来的孩子，心灵更为懦弱，更为固执。

——蒙田

人的生命只有一次，在生命的长河中，许多人在追求快乐，但往往却得不到快乐，其原因在于：人们总是把快乐的理由放到最外面。殊不知，假如你下决心使自己快乐，你就能够使自己快乐!

为什么不快乐

当你不在乎外在的虚荣，不再去做无聊的攀比，快乐幸福感才会润泽你干枯的心灵，就如同雨露滋润干涸的土地。我们只需要做好自己，每天进步一点点，懂得与人为善，懂得与人分享，我们得到的快乐就会越来越多。

快乐其实很简单

生活本来很简单，如果把简单的事情搞得太复杂，就会产生很多烦恼和痛苦。简简单单，才能快快乐乐。正如中国的一句老话，“知足常乐”，简简单单，知足常乐。

在口头上，绝大多数人都希望自己的生活能够达到“简单并快乐着”的最佳状态，但是他们真能做到吗？毫无疑问，这是一个大大的问号。为什么呢？因为大家都被实实在在的生活压得喘不过气来，甚至头晕眼花。

著名捷克作家米兰·昆德拉有一句名言，“承受生命之重”。实际上绝大多数人不堪承受生命之重，因为他们被占有物质财富——好房、名车、高收入、高开销等的欲望折磨得疲惫不堪。其实，物质财富并不像很多人想象的那样重要。事实上，有许许多多的人是在令人难以察觉的绝望状态下生活的，这种情况在工业化程度较高的西方国家尤为严重。

一项统计显示，在美国社会中，一对夫妻一天当中只有12分钟时间进行交流和沟通；一周之内父母只有40分钟与孩子相处；约有一半的人处于睡眠不足的状态。时间的危机实际上是感情的危机。大家好像每天都在为一些大事疯狂地忙碌，然后疲惫不堪，没有时间顾及其他。大家都在劳动，都在创造，但是，生活真的变好了吗？

美国心理学家戴维·迈尔斯和埃德·迪纳已经证明，物质财富是一种很差的衡量快乐的标准。人们并没有随着社会财富的增加而变得更加快乐。在大多数国家，收入和快乐的相关性是可以忽略不计的；只有在最贫穷的国家里，收入才是适宜的标准。

抛开这些抽象的理论不说，物质财富的进步有时确实使人们作茧自缚。举一个很简单的例子，电话、传真、电子邮件已经成为人们工作中不可缺少的帮手，不过，如果一个人在每天的工作中都面对源源不绝的电子信息，他就很可能产生“信息疲乏并发症”。许多企业界的经理人和信息业的工作者抱怨，每天必须接听的电话和处理的电子邮件造成自己精神上莫大的压力。“信息疲乏并发症”甚至会使人长期失眠，严重影响人体健康。至于伴随文明发展而来的噪声、污染等问题则更是人尽皆知的。

在习惯的支配下，我们对这个嘈杂的世界、混乱的时空没有感到有什么不对劲，也许只有到临终的时候，我们才会悲哀地发现，自己的一生，原来是这么的不快乐。

那么快乐是什么？其实，快乐来源于“简单生活”。物质财富只是外在的荣光，真正的快乐来自于发现真实独特的自我。

有人问，“简单生活”是否意味着苦行僧般的清苦生活，辞去待遇优厚的工作，靠微薄的存款生活，并清心寡欲？美国著名心理学家皮鲁克斯说：“这是对‘简单生活’的误解。‘简单’意味着‘悠闲’，仅此而已。丰富的存款，如果你喜欢，那就不要失去，重要的是要做到收支平衡，不要让金钱给你带来焦虑。”

无论是中产阶级还是收入微薄的退休工人，都可以生活得尽量悠闲、舒适。在过“简单生活”这一点上，人人平等。

简单，是平息外部无休无止的喧嚣、回归内在自我的唯一途径。简单的好处在于：也许你没有华丽的别墅，而只是租了一套干净漂亮的公寓，这样你就能节省一大笔钱来做自己喜欢的事，比如旅行或者买上梦想已久的摄影机。你也再用不着在上司面前唯唯诺诺，你就是自己的主人，升职并不是唯一能证明你自己的方式。很多人从事半日制工作或者是自由职业，这样他们就有更多的时间由自己支配。而且如果你不是那么忙，能推去那些不必要的应酬，你将可以和孩子游玩、与孩子交谈，或者和家人分享一个美妙的晚上。我们总是把拥有物质的多少、外表形象的好坏看得过于重要，用金钱、精力和时间换取一种有目共睹的优越生活，却没有察觉自己的内心在一天天枯萎。

心灵启迪

当你只为快乐的自己而活，而不在乎外在的虚荣，快乐幸福感才会润泽你干枯的心灵。我们需求得越少，得到的快乐越多。

给予比接受更令人快乐

当我们给别人笑脸时，我们也能得到笑脸。给别人快乐就是给自己快乐，善待别人其实就是善待自己。

有一年的圣诞节，富家子弟彼得从他哥哥那里得到了一辆作为圣诞节礼物的新车。圣诞节的前一天，彼得从他的办公室出来时，看到一名男孩正在他那辆闪闪发亮的新车旁走来走去，并时不时地触摸它，满脸羡慕的神情。

彼得饶有兴趣地看着这个小男孩，从他的衣着来看，他的家庭显然不属于有钱的阶层，就在这时，小男孩抬起头问道：“先生，这是你的车吗？”

“是啊，”彼得说，“这是我哥哥给我的圣诞节礼物。”

小男孩睁大了眼睛：“你是说，这是你哥哥给你的，而你不用花一分钱？”

彼得点点头。小男孩说：“哇！我希望……”

彼得认为他知道小男孩的希望是什么，小男孩肯定希望自己也有一个这样的哥哥。但小男孩说出的却是：“我希望自己也能当这样的哥哥。”

彼得深受感动地看着这个小男孩，然后他问：“要不要坐我的新车去兜风？”

小男孩惊喜万分地答应了。

逛了一会儿之后，小男孩转身向彼得说：“先生，能不能麻烦你把车开到我家前面？”

彼得微微一笑，他理解小男孩的想法：坐一辆大而漂亮的车子回家，在小朋友的面前是一件很神气的事情。但他又想错了。

“麻烦你停在两个台阶那里，等我一下好吗？”

小男孩跳下车，三步两步跑上台阶，进入屋内，不一会儿他出来了，并带着一个显然是他弟弟的小孩，他因患小儿麻痹症而跛着一只脚。

他把弟弟安置在下边的台阶上，紧靠着坐下，然后指着彼得的车子说：“看见了吗？就像我在楼上跟你讲的一样，很漂亮对不对？这是他哥哥送给他的圣诞礼物，他不用花一分钱！将来有一天我也要送你一辆和这一样的车子，这样你就可以看到我一直跟你讲的橱窗里那些好看的圣诞节礼物了。”

彼得的眼睛湿润了，他走下车子，将小弟弟抱到车子的前排座位上，他的哥哥眼睛里闪着喜悦的光芒，也爬了上来。于是，三人开始了一次令人难忘的假日之旅。

在这个圣诞节，彼得明白了一个道理：给予比接受真的令人更幸福快乐。

心灵启迪

给予，也是一种人生经营之道，舍得舍得，只有舍去，才能得到。给予别人快乐，就是给予自己幸福。

好心情与坏心情

过于看重失败和挫折，就会加大痛苦的感觉。只有淡化不愉快的事情，才会减轻烦恼，快乐才会随之而来。

美国加州有位刚刚大学毕业的年轻人，在2003年的冬季大征兵中，他被依法选中，即将到最艰苦也最危险的海军陆战队去服役。

年轻人自从获悉自己被海军陆战队选中的消息后，便显得忧心忡忡。

在加州大学任教的祖父见到孙子一副魂不守舍的模样，便开导他说：“孩子啊，这没什么好担心的。到了海军陆战队，你将会有两个机会，一个是留在内勤部门，一个是分配到外勤部门。如果你分配到了内勤部门，就完全用不着去担惊受怕了。”

年轻人问爷爷：“那要是我被分配到了外勤部门呢？”

爷爷说：“那同样会有两个机会，一个是留在美国本土，另一个是分配到国外的军事基地。如果你被分配在美国本土，那又有什么好担心的呢？”

年轻人问：“那么，若是被分配到了国外的基地呢？”

爷爷说：“那也还有两个机会，一个是被分配到和平而友善的国家，另一个是被分配到海湾地区。如果把你分配到和平友好的国家，那也是一件值得庆幸的好事呀。”

年轻人问：“爷爷，那要是我不幸被分配到海湾地区呢？”

爷爷说：“你同样会有两个机会，一个是留在总部，另一个是被派到前线去参加作战。如果你被分配到总部，那又有什么需要担心的呢？”

年轻人问：“那么，若是我不幸被派往前线作战呢？”

爷爷说：“那同样有两个机会，一个是安全归来，另一个是不幸负伤。如果你能够安全归来，那担心岂不多余？”

年轻人问：“那要是不幸负伤了呢？”

爷爷说：“也有两个机会，一个是只负了点轻伤，并没有任何生命危险，另一个是身受重伤，会危及生命安全。如果只是负了点于生命并无大碍的轻伤，那又何必过分担心呢？”

年轻人又问：“那要是不幸身负重伤呢？”

爷爷说：“你同样拥有两个机会，一个是依然能够保全性命，另一个是完全救治无效。如果尚能保全性命，还担心它干什么呢？”

年轻人再问：“那要是完全救治无效怎么办呢？”

爷爷听后哈哈大笑："那你人都死了，还有什么可担心的呢？"

这位爷爷一定是一位智者。

心灵启迪

心态乐观的人，没有音乐照样可以跳舞。面对挫折或不幸，与其垂头丧气地哭泣或哀号，不如把烦恼和恐惧暂时放在一旁，唱一首动听的歌，放松自己，也能鼓舞别人。

有梦更快乐

在生活和工作中，明确自己的梦想和努力的方向是非常必要的。只有知道你的梦想是什么、你到底想要什么，你才知道该做什么，你才能够努力去追求自己的梦想，你的梦想才会变成现实。

有梦想就有希望，有希望就有光明，有光明就有快乐。在心中建立人生的梦想，向着梦想去努力，生活就会快乐。

有一个25岁的小伙子，因为对自己的工作不满意，他跑来向柯维咨询。他对自己的生活目标是：找一个称心如意的工作，改善自己的生活处境。他生活的动机似乎不全是出自私心而且是完全有价值的。

"那么，你到底想做点什么呢？"柯维问。

"我也说不太清楚，"年轻人犹豫不决地说，"我还从没有考虑过这个问题。我只知道我梦想的生活不是现在的这个样子。"

"那么你的爱好和特长是什么呢？"柯维接着问，"对于你来说，最重要的是什么？"

“我也不知道。”年轻人回答说，“这一点我从没有仔细考虑过。”

“如果让你选择，你想做什么呢？你真正想做的是什么？”柯维对这个话题穷追不舍。

“我真的说不准，”年轻人困惑地说，“我真的不知道我究竟喜欢什么，我从没有仔细考虑过这个问题，我想我确实应该好好考虑考虑了。”

“那么，你看看这里吧，”柯维说，“你想离开你现在所在的位置，到其他地方去。但是，你不知道你想去哪里，不知道你喜欢做什么，也不知道你到底能做什么。如果你真的想做点什么的话，那么，现在你必须拿定主意。”

柯维和年轻人一起进行了彻底的分析。柯维对这个年轻人的能力进行了测试。他发现这个年轻人对自己所具备的才能并不了解。柯维知道，对每一个人来说，前进的动力是不可缺少的，因此，他教给年轻人培养信心的技巧。现在，这位年轻人已经满怀信心地踏上了成功的征途。

现在，他已经知道他到底想干什么，知道他应该怎么做。他懂得怎样才能事半功倍，他期待着收获，他也一定能获得成功——因为没有什么困难能挡住他前进的脚步。

心灵启迪

许多人之所以在生活中一事无成，最根本的原因在于他们没有梦想，不知道自己到底要做什么。

我要选择快乐

快乐是一种感觉，它存在于我们的心中。我们根本没有必要去寻找快乐，只要我们选择快乐，快乐就会降临。人间有两种生活方式：一种是快乐地活着，一种是痛苦地活着。这两种你可任意选择其一，而做出选择的关键在于你选择了什么样的生活态度。

只要你愿意，快乐随时降临

现代人的生活紧迫忙碌，悠闲的心情常被愁苦取代，感觉人生是宽阔无边的苦海。其实，快乐就在我们的身边，它来自主观的认定。快乐与否存乎一心。

从前有一位富翁，名叫顾影。顾影虽然非常有钱，却常常自怜，他可怜自己空有钱财，却从来没有体会过真正的快乐、纯粹的快乐。

顾影常常想："我有很多钱，可以买到许多东西，为什么却买不到快乐呢？如果有一天我突然死了，留下一大堆钱又有什么用呢？不如把所有的钱拿来买快乐，如果能买到一次快乐，我死也无憾了。"

于是，顾影变卖了大部分家产，换成小袋钻石，放在一个特制的锦囊中。他想："如果有人能给我一次纯粹的全然的快乐，即使是一刹那，我也要把钻石送给他。"

顾影开始旅行，到处询问：“哪里可以买到纯粹快乐的秘方，什么才是人间的快乐呢？”

他的询问总是得不到令他满意的解答，因为人们的答案总是庸俗而接近的：

“你如果有很多的金钱，就会快乐。”

“你如果有很大的权势，就会快乐。”

“你如果拥有得越多，就会越快乐。”

而顾影早就有了这些东西，却没有快乐，这使他更疑惑：“难道这个世界上没有全然的快乐吗？”

有一天，顾影听说在偏远的山村里有一位智者，无所不知，无所不通。

他就跑进村找那位智者，智者正坐在一棵大树下闭目养神。

顾影问智者：“智者，人们都说你是无所不知的，请问在哪里可以买到纯粹快乐的秘方？”

“你为什么要买纯粹快乐的秘方呢？”智者问道。

顾影说：“因为我很有钱，可是很不快乐，这一生从未经历过纯粹的快乐，如果有人能让我体验一次，即使只是一刹那，我也愿把全部的财产送给他。”

智者说：“我这里就有纯粹快乐的秘方，但是价格很昂贵，你准备了多少钱，可以让我看看吗？”

顾影把怀里装满钻石的锦囊拿给智者，没想到智者看也不看，一把抓住锦囊，跳起来，就跑掉了。

顾影大吃一惊，过了好一会儿才回过神来，大叫：“抢劫！抓强盗呀！”可是在偏僻的山村根本没人听见，他只好死命地追赶智者。

他跑了很远的路，跑得满头大汗、全身发热，也没有发现智者的踪影，他绝望地跪倒在山崖边的大树下痛哭，没有想到费尽千辛万苦，花了几年的时间，不但没有买到快乐的秘方，大部分的钱财也被抢走了。

顾影哭得声嘶力竭，站起来的时候，突然发现被抢走的锦囊就挂在大树的枝丫上。他取下锦囊，发现钻石都还在，一瞬间，一股难以言喻的、纯粹的快乐充满他的全身。

正当他陶醉在纯粹的快乐中的时候，躲在大树后面的智者走了出来，问他："你刚刚说，如果有人能让你体验一次纯粹的快乐，即使只是一刹那，你也愿意将你所有的财产送给他，是真的吗？"

顾影说："是真的！"

"刚刚你从树上拿回锦囊时，是不是感觉到了纯粹的快乐？"智者又问。

"是呀！我刚刚体验了纯粹的快乐。"

智者说："好了，现在你可以将你所有的财产给我了。"

智者边说边从顾影手中取过锦囊，扬长而去。

心灵启迪

快乐是一种感觉，它存在于我们的心中。我们根本没有必要去寻找快乐，因为只要我们选择快乐，快乐就会降临。

活着就必须快乐

人间有两种生活方式：一种是快乐地活着，一种是痛苦地活着。这两种你可任意选择其一，而做出选择的关键在于你选择了什么样的生活态度。

世上再没有比活着更值得庆幸的。明白了这个道理，人生才会充满欢乐。活着，便要开心。

有位名人突然去世了，朋友们都来参加他的追悼会。

看着昔日那位行则前呼后拥、出则香车宝马的名人如今躺在骨灰盒里，人们不禁一阵感慨：百万家财不再属于他，宽敞的楼房也不再属于他，他所拥有的只有一个骨灰盒大小的空间，山珍海味浇灌的肚子也化成了一把灰烬。

从名人的追悼会上归来，几乎每一个人都会产生看破红尘的念头。那么精明、那么会算计的一个人，几乎每一个与他相斗的人最终都败下阵来，可是，他斗来斗去也斗不过命，撒手人寰以后，万事皆成空。

人们不禁感慨，趁现在好好活着吧，活着就是幸福，你看名人的遗孀那泪水涟涟、可怜兮兮的模样！什么名呀利呀、权呀势呀，轰轰烈烈过了一世，最后还不是照样一个人孤零零地走路？以前踩着那么多人的肩膀向上爬，得罪了那么多人，遭那么多人嫉恨，值吗？

死亡的震撼与活着的琐碎是人生交织的难题。人们很容易被死亡震撼，更容易被活着的琐碎淹没。

追悼会是一次洗礼：从死亡的身边经过以后，才知道活着是怎么一回事。许多人心里在想：回到家以后，一定要给自己的死对头打个电话，让我们言归于好吧，让我们好好珍惜现在鲜活的生命吧。

心灵启迪

不要去在意那些纷繁复杂的纠葛，活着就是幸福。

赚了快乐才是最重要的

快乐存在于生活之中，也存在于对事物的追求之中，并非只有赚钱才是快乐的。

有一对夫妻感情很好，家庭条件优越，聪明可爱的儿子在外地的重点大学读书。丈夫在外面开了家公司，生意红火，没日没夜地忙碌，很少在家，儿子每逢寒暑假才回家，妻子一个人在家，终日无所事事，日子过得并不快乐。

丈夫回到家看到妻子整天闷闷不乐的样子，想想自己因为工作太忙没有时间陪妻子，想让她快乐地过好每一天，就对她说："你去亲戚朋友家串串门吧，跟她们聊聊天、打打麻将，你会开心的，不要整天待在家里，会很闷的。你以前的生活是围着孩子转，没有自己的生活空间，现在好了，你有时间了，好好利用。"

于是，她便去亲戚、朋友、邻居家里串门、聊天、打麻将，果然开心了一段时间。但是话题聊完了，麻将打腻了，她又变得不开心了。

在家的这几天，妻子想了好多，她觉得丈夫说得很对，现在应该好好规划一下，充分地享受生活，不能再这样浑浑噩噩下去了，要为自己而生活。

于是，丈夫回来后她对他说："我想开间花店，这里还没有人开，一定能赚钱。而且我一直很喜欢花，以前就有过这样的想法，只是一直没有去做。现在开花店既能赚钱又是我感兴趣的，我一定会做得很好。"

丈夫说："这主意不错。只要你喜欢就放手去做吧，我支持你！"

花店很快就开张了，妻子每天去花店做生意，她变得忙碌起来了。来买花的人很多，妻子干得很开心，还认识了不少人。看着她开心的样子，他也很开心。可是过了几个月，丈夫算了下账，发现妻子根本不是经商的料。

她经营的花店不但不赚钱，而且赔进去不少。

后来有人问他："你老婆的那家花店还开吗？"

他说："还开。"

"是赚是赔？"

他说："赚。"

"赚多少？"

他神秘地一笑。经过别人的再三追问，他才悄悄地告诉他："钱是一分没赚到，赚到的是快乐。"

心灵启迪

赚了快乐，也就赚了整个生命。因为，快乐无价。

追寻快乐的最佳妙方

这个世界不会改变，可改变的是我们的态度。要活得快乐，就必须先改变自己的态度。

有家卖甜甜圈的商店前挂了一块招牌，上面写着：乐观者和悲观者之间的差别十分微妙，乐观者看到的是甜甜圈，悲观者看到的则是甜甜圈中间的洞。

这个短短的幽默句子透露了快乐的本质。事实上我们眼睛看见的，往往并非事物的全貌，我们只看自己想寻求的东西。

一个朋友讲述了他曾经的经历。

有一天，我站在一个珠宝店的柜台前，把一个放着几本书的包裹放在旁边。当一个衣着讲究、仪表堂堂的男人进来，也开始在柜台前看珠宝时，我礼貌地将我的包裹移开。但这个人却愤怒地瞪着我，告诉我他是个正直的人，绝对无意偷我的包裹。他觉得受到侮辱，重重地将门关上后，走出珠宝店。

我十分惊讶，这样一个无心的动作竟会引起别人如此的震怒。后来我领悟到，这个人和我是生活在两个完全不同的世界。其实，外在世界并没有什么不同，只是个人内在态度不同罢了。

几天后的一个早晨，我一醒来便感觉心情不佳，觉得这世界是多么枯燥，我想到这天又要在单调的例行工作中度过时，不禁感到愤怒、无助。当我挤在车阵中缓缓向市中心前进时，我满脸怒气地想：为何有那么多笨蛋能拿到驾驶执照？他们开车不是太快就是太慢，根本没资格在高峰时间开车，这些人的驾照都该被吊销！

后来我和一辆大型卡车同时到达一个交叉路口，我心想："这家伙认为他开的车大，一定会直冲过去。"但就在这时候，卡车司机将头伸出车窗外，向我招招手，给了我一个开朗、愉快的微笑。在我将车子驶离交叉路口时，我的愤怒突然完全消失，心胸豁然开朗。

这位卡车司机的行为使我仿佛置身另一个世界。但事实上，这个世界依旧，不同的是我们的态度。

心灵启迪

每个人在生活中都会有类似的小插曲，这些小插曲正是我们追寻快乐的最佳妙方。

快乐在于分享

给予是一种快乐，能平衡自己的心态，以补偿的心理超越自卑。只有以体谅他人的心态善待自己、善待他人，才能使自己达到快乐幸福的精神境界。快乐越分享越多。只有善于分享的人，才会从周围的人身上分享快乐，也只有乐于分享的人，才会把自己的快乐分给别人，使自己越来越快乐。

将快乐带给别人，也留给自己

当你能够带给别人快乐的时候，你就找到了活着的意义。

有个失意的人爬上一棵樱桃树，准备从树上跳下来，结束自己的生命。就在他决定往下跳的时候，附近的一所学校放学了。

成群放学的小学生走过来，看到他站在树上。一个小学生问他："先生，你在树上做什么么呀？"

他心想，"总不能告诉小孩我要自杀吧。"于是他一边眺望远方，一边回答说："我在看风景。"

"你有没有看到身旁有许多樱桃？"小学生问。

他低头一看，发现原来他一心一意想要自杀，根本没有注意到树上长满了大大小小的红色樱桃。

“你可不可以帮我们采樱桃？”小朋友们说，“你只要用力摇晃，樱桃就会掉下来了。拜托啦，我们爬不了那么高。”

失意的人有点意兴阑珊，可是又违拗不过小朋友，只好答应帮忙。他开始在树上又跳又摇，很快地，樱桃纷纷从树上掉下来。地面上也聚集了越来越多放学的小朋友，他们全部都又兴奋又快乐地捡拾着樱桃。

经过一阵嬉闹之后，樱桃掉得差不多了，小朋友们也渐渐散去了。

失意的人坐在树上，看着小朋友们欢乐的背影，不知道为什么，自杀的情绪和决心全都没有了。他采了些周遭还没掉到地上去的樱桃，无可奈何地跳下了樱桃树，拿着樱桃慢慢走回家里。

他回到家时，仍然是那个破旧的家，一样的老婆和小孩。可是孩子们却很高兴爸爸带着樱桃回来了。当他们一起吃着晚餐时，他看着大家快乐地吃着樱桃，忽然有一种新的体会和感动，他心里想着，或许我还是可以快乐地活下去的吧……

心灵启迪

给予，快乐别人，也快乐自己。

为别人照明，给自己开路

生活中，我们周围有很多东西是值得去关爱和感激的。我们关爱别人，别人关爱我们。学会关爱与感激，在平凡生活中体味温馨和幸福！

一个漆黑的夜晚，一个远行寻佛的苦行僧走到了一个荒僻的村落中，漆黑的街道上，络绎不绝的村民们在默默地你来我往。

苦行僧转过一条巷道，他看见有一团昏黄的灯光从巷道的深处静静地亮过来。身旁的一位村民说：“瞎子过来了。”

瞎子？苦行僧愣了，他问身旁的一位村民说：“那挑着灯笼的真是一位盲人吗？”

他得到的答案是肯定的。

苦行僧百思不得其解。一个双目失明的盲人，他根本就没有白天和黑夜的概念，他看不到高山流水，也看不到五彩缤纷的世间万物，他甚至不知道灯光是什么样子的，他挑一盏灯笼岂不令人迷惘和可笑？

那灯笼渐渐近了，昏黄的灯光渐渐从深巷移游到了僧人的鞋上。百思不得其解的僧人问：“敢问施主真的是一位盲者吗？”

那挑灯笼的盲人告诉他：“是的，自从踏进这个世界，我就一直双眼混沌。”

僧人问：“既然你什么也看不见，那你为何挑一盏灯笼呢？”

盲者说：“现在是黑夜吗？我听说在黑夜里没有灯光的映照，那么满世界的人都和我一样是盲人，所以我就点燃了一盏灯笼。”

僧人若有所悟地说：“原来你是为别人照明？”

但那盲人却说：“不，我是为自己！”

为你自己？僧人又愣了。

盲者缓缓向僧人说：“你是否因为夜色漆黑而被其他行人碰撞过？”

僧人说：“是的，就在刚才，还被两个人不留心碰了一下。”

盲人听了，深沉地说：“但我就没有。虽说我是盲人，我什么也看不见，但我挑了这盏灯笼，既为别人照亮了路，也更让别人看到了我自己，这样，他们就不会因为看不见而碰撞我了。”

苦行僧听了，顿有所悟。他仰天长叹说：“我天涯海角奔波着找佛，没有想到佛就在我的身边，原来佛性就像一盏灯，只要我点燃了它，就会照亮自己和周围人的心灵，让别人不会撞到自己。”

关爱可以体现出对别人的关心理解和爱抚，感激在很多时候却是一种感恩的心情！

为别人点燃我们自己生命的灯吧，这样，在生命的夜色里，我们才能寻找到自己的平安和灿烂！

心灵启迪

不要对自己要求太多，更不要患得患失、斤斤计较，学会理解，学会宽容，学会感激，感谢别人为你所做的一切，用真诚期待的心去享受坦诚与信任。

会分享，就能更快乐

世上真的有上帝吗？答案当然是否定的，其实上帝在我们的心中，我们自己就是自己的上帝。当我们将我们所拥有的东西与别人分享时，上帝就伴随在我们身边，我们就会快乐无比。

从前，有一个小男孩，他非常想见一见上帝。当然，他知道上帝住在遥远的地方，要走很长很长的路、经过很长很长的时间才能到达。因此，他准备了一只手提箱，并在箱中塞满了巧克力，还有6瓶饮料，然后就开始了他的寻梦之旅。

走着，走着，不知不觉中他已走过了3个街区。这时，他到了一个公园里，看到一位老太太坐在那里，正目不转睛地盯着那些时飞时落的鸽子。

小男孩紧挨着她坐了下来，打开手提箱，拿出一瓶饮料，正准备喝时，无意中扫了老太太一眼，他突然发现老太太看起来似乎很饿。于是，他拿了一块巧克力递给她。

老太太欣然接受了，内心充满了感激，她微笑地看着小男孩，那笑容是那么慈祥、那么亲切、那么完美。小男孩感到心中舒畅极了，世界也仿佛充满了阳光，到处都是鸟语花香。

他想再看一次她的笑脸，因此他又拿出一瓶饮料递给她。老太太又欣然接受了，并且又对他报以完美的微笑。小男孩高兴极了。

整个下午，他们就这样坐在公园里，边吃边笑，但他们却从未说过一句话。

天色逐渐黑了下来，夜幕降临了。此时，小男孩觉得十分疲劳，他站起身往家走去。但是，刚走几步，他却突然转过身，跑回到老太太身边，张开双臂，紧紧地拥抱了她一下。这次，老太太对他报以最完美的微笑。

当小男孩愉快地回到家里，走向自己房间的时候，他的母亲感到非常惊奇，她不知道究竟是什么事令儿子这么满面春风。于是，她问道：“孩子，今天发生什么事了，让你这么快乐？”

“我与上帝共进午餐了。”他兴奋地答道。接着，还没等母亲反应过来，他又补充道：“您猜怎么样？她给了我最美好的微笑！啊，她是那么慈祥，那么亲切，那么完美！”

他说这话的时候，神情仿佛是在回味下午与“上帝”共同度过的美好时光。

与此同时，那位容光焕发的老太太也喜气洋洋地回到了家里。看着老太太那安详、平和的神情，她的儿子感到非常吃惊。他疑惑地问道：“妈妈，您今天做什么事了，这么高兴？”

“哦，今天我在公园里遇见上帝了，他还和我一起吃了巧克力呢！”老太太兴奋地说道，那神情也仿佛是在回味着与“上帝”共同度过的美好时光。接下来，还没等她的儿子反应过来，她又补充道：“你知道吗？上帝很年轻，比我想象中的还要年轻得多！”

心灵启迪

快乐，在分享中产生。只有学会分享，才能获得快乐。

快乐会越分越多

一个人如果把“爱”分出去，是越分越少，还是越分越多？同样的问题，一个人如果把“快乐”分出去，是越分越少，还是越分越多？

在一般人的思维里，总认为“爱”、“快乐”、“勇气”等这类正义性的人格表现，如果给某个特定的人多一点，给另外的人就会少一点。

心理学家弗洛伊德认为，每个人只有一定限量的爱，难以持续不断地付出大量的爱。另外一派的心理学家佛洛姆等人则认为，在一个正常而且良好的社会环境下，一个人有可能在接触和付出的过程中产生更多的爱。

这是一个有趣也值得深思的问题，关键点在于提供者究竟是用“分配”还是“分享”的心态来处理。

“分配者”会“等分”他的爱心，例如：一个公司的主管，如果把“三分”留给自己，“六分”留给公司，“一分”留给家人，这就会产生人际关系的不平衡，造成大家不开心、不快乐。

“分享者”则是视自己的周围每个人都是独一无二的“十分”，例如做爸妈的“十分”爱自己、照顾自己；同时也“十分”爱大孩子，“十分”爱小孩子；又能“十分”关注工作，“十分”参与公益活动……像这样的爸妈，用分享的心情，无限地开拓了生命的空间，让周围很多人都能享受到同样的、大量的爱。

所以，一个人若要越来越快乐，越爱越多，不妨善用“分享者”的“涟漪效应”，随时在水面上一“点”，快乐和爱的能量就会源源不断地传送出去。

有位妇人在河床边发现一粒像宝石般的石头，她把它拾起，并且放入装满食物的袋子内。这时，迎面来了位饥饿的流浪人，妇人毫不犹豫地打开袋子，取出食物让流浪人享用。当流浪人吃食物时，正好瞧见袋内的宝物，他渴求妇人割爱，只见妇人二话没说将宝物取出，并且交到流浪人手中。

这件事过了好一阵子，有一天，流浪人又来到这位妇人面前，不但归还了宝物，还说：“我已经不需要它了，我要学的是你的‘舍得’啊！”

还有一位妇人，对于一些初相识的人，也会毫不吝啬地分享她的住处、她的食物和她的友谊。

她每天都很开心、快乐，家中充满了笑声、歌声，连同周围的朋友们都感染了她的喜悦。

有人曾问她：“你是怎么做到如此舍得分享的？”

原来她从小家境就不好，父亲又特别严苛，因此，小时候她总是战战兢兢地生活。

有一回，一位太太买了菜和水果准备回家，半路上，袋子竟然破了，橘子掉得满地都是。这时，这位太太向妇人的父亲索取一个塑料袋。不料，妇人的父亲竟然一口回绝了。看着那位太太失望地离去，妇人在小小的年纪时，就已经暗下决心，将来一定要帮助更多的人，绝不吝啬。

这位妇人目前是一家公司的董事长，事业扩及欧、美、亚洲，可是她仍然谦虚和气，一如邻家妇人。她的乐于分享，敢于舍得，让人印象深刻。

是的，快乐越分越多。只有善于分享的人，才会从周围的人身上分享到快乐。

心灵启迪

只有乐于分享的人，才会越来越快乐。

常怀一颗欢喜心

快乐是一种感觉，它存在于我们的心中。我们根本没有必要去寻找快乐，只要我们选择快乐，快乐就会降临。快乐就在我们的身边，它来自主观的认定，快乐与否存乎一心。

随遇而安，生活会更少烦恼

如果我们错过快乐，快乐就不再属于我们。

有一个美国商人坐在墨西哥海边一个小渔村的码头上，看着一个墨西哥渔夫划着一艘小船靠岸。小船上有好几尾大黄鳍鲔鱼，这个美国商人对能抓到这么高档的鱼的墨西哥渔夫恭维一番，还问要多少时间才能抓这么多。

墨西哥渔夫说，才一会儿工夫就抓到了。美国人再问："你为什么不待久一点，好多抓些鱼？"

墨西哥渔夫觉得不以为然："这些鱼已经足够我一家人生活所需啦！"

美国人又问："那么你一天剩下那么多时间都在干什么？"

墨西哥渔夫解释："我呀？我每天睡到自然醒，出海抓几条鱼，回来后跟孩子们玩一玩，再跟老婆睡个午觉，黄昏时晃到村子里喝点小酒，跟哥儿们玩玩吉他、蹦蹦跳跳、唱唱歌，我的日子可过得充实又忙碌呢！”

美国人不以为然，帮他出主意，他说：“我是美国哈佛大学企管硕士，我倒是可以帮你忙！你应该每天多花一些时间去抓鱼，到时候你就有钱去买一条大一点的船。你就自然可以抓更多的鱼，再买更多的渔船。然后，你就可以拥有一个渔船队。到时候你就不必把鱼卖给鱼贩子，而是直接卖给加工厂。然后你可以自己开一家罐头工厂。如此你就可以控制整个生产、加工处理和行销。然后你可以离开这个小渔村，搬到墨西哥城，再搬到洛杉矶，最后到纽约。在那里经营你不断扩充的企业。”

墨西哥渔夫问：“这又花多少时间呢？”

美国人回答：“十五到二十年。”

“然后呢？”

美国人大笑着说：“然后你就可以在家当皇帝啦！时机一到，你就可以宣布股票上市，把你的公司股份卖给投资大众。到时候你就发啦！你可以几亿几亿地赚！”

“然后呢？”

美国人说：“到那个时候你就可以退休啦！你可以搬到海边的小渔村去住。每天睡到自然醒，出海随便抓几条鱼，跟孩子们玩一玩，再跟老婆睡个午觉，黄昏时，晃到村子里喝点小酒，跟哥儿们玩玩吉他、蹦蹦跳跳、唱唱歌，享受美好的生活！”

墨西哥渔夫疑惑地说：“我现在不就是这样子了吗？”

心灵启迪

人的一生，所追求的也许只是身边简单的幸福与快乐，我们要早一点懂得享受、珍惜!

想想你拥有的快乐

生活就是由无数的细节和小事组成的。只有调整好自己的心态，在小事和细节中发现快乐，才能享受生活的快乐。

一位美国老师曾给他的学生讲过一件令其终生难忘的事情。

“我曾是个多虑的人，”他说道，“但是，1934年的春天，我走过韦布城的西多提街道，有个景象扫除了我所有的忧虑。事情的发生只有十几秒钟，但就在那一刹那，我对生命意义的了解，比在前十年中所学的还多。

“这两年，我在韦布城开了家杂货店，由于经营不善，不仅亏掉了所有的积蓄，还负债累累，估计还得花七年的时间偿还。我刚在星期六结束营业，准备到‘商矿银行’贷款，好到堪萨斯城找一份工作。

“我像一只斗败的公鸡，没有了信心和斗志，突然间，有个人从街的另一头过来。那人没有双腿，坐在一块安装着溜冰鞋滑轮的小木板上，两手各用木棍撑着向前行进。他横过街道，微微提起小木板准备登上路边的人行道。

“就在那几秒钟，我们的视线相遇了，只见他坦然一笑，很有精神地向我招呼：‘早安，先生，今天天气真好啊！’我望着他，体会到自己何等富有。我有双足，可以行走，为什么却如此自怜？这个人缺了双腿仍能快乐自信，我这个四肢健全的人还有什么不能的？

“我挺了挺胸膛，本来预备到‘商矿银行’只借一百元，现在却决定借两百元；我本想到堪萨斯城找份工作，现在却有信心地宣称：我要到堪萨斯城去找一份工作。结果，我借到了钱，并很快找到了工作。

“现在，我把下面一段话写在洗手间的镜面上，每天早上刮胡子的时候都念它一遍——

“‘我感到闷闷不乐，因为我少了一双鞋，但这时我在街上，却见到有人缺了两条腿。’”

人的一生总会遇到各种各样的不幸，但快乐的人却不会将这些装在心中，他们没有忧虑。

当你不快乐时，想想那些条件远不如你的人，他们依然能够快乐地生活，你还有什么理由不快乐呢？

心灵启迪

快乐是什么？快乐就是珍惜已拥有的一切。

让快乐成为一种习惯

萧伯纳说：“我们对小的烦恼、挫折、牢骚、不满、懊悔、不安的反应，在很大程度上纯粹出于习惯。”根据“积行成习，积习成性”的原理，从行为入手培养快乐习惯、快乐性格，是比较有效的策略。当你不愉快的时候，要想变得愉快的主动方式就是愉快地坐起来，愉快地看看四周，使自己的言行好像已经愉快起来。只要你模仿快乐的表情，就可激发大脑皮层产生相应的脑电波。久而久之，就会形成条件反射，自己越来越自然地感到愉快。

一个人要想生活得简单，必须充分认识到快乐的巨大意义和巨大价值，还要有积极、正确地追求快乐的强烈意愿，并培养强烈的快乐意识、快乐观念，把快乐性格作为日常生活的必修课。

史蒂文生说：“快乐的习惯使个人不受——至少在很大程度上不受——外

在条件的支配。”快乐，主要取决于我们自身。只要养成了快乐的习惯，进而养成了快乐的性格，我们就能成为快乐的主人，每时每刻都快乐幸福地生活。

一位富商花巨资收藏了许多珍贵的古董、字画以及各种珍珠、翡翠。为防失窃，他安装了严密的保安系统，平日里很少进去欣赏，只当成个人财富的一部分来炫耀。

有一天，富商忽然心血来潮，决定让大厦清洁工进去开开眼界。

清洁工进去后，并未流露出艳羡之色，只是慢慢地逐一浏览，细细地欣赏。待步出厚厚的铁门时，富商忍不住炫耀说：“怎么样？看了这么多的好东西，不枉此生了吧？”

那个清洁工说：“是啊，我现在自觉与你一样富有，而且比你更快乐。”

那富商大惑不解，面露不悦。

“你所有的宝贝我都看过了，不就是与你一样富有了吗，而且我又不必为那些东西担心这担心那的，岂不比你更快乐？”

还有一个故事，说有一个馒头店的老板，每天出笼三次，每次固定蒸120个馒头，100个出售，20个接济老人和孩子。常常生意好时馒头一出笼就被抢光。但不论客人如何要求，他从不肯把其余的20个馒头出售。

“这是要送人的，不卖！”老板用十分坚定的口吻拒绝每一个想要买的客人。说着，他用夹子把热乎乎的大馒头送给老人和孩子。在那一刻，老板黝黑的脸上绽放出明亮的光彩。那种动人的举止和笑容，是其他顾客看不到的。付出本身就是一种快乐。

快乐是一种流动的空气，当你感觉害怕、自私时，它便已经停止流通了。你关上门，使快乐无法流向你，困守在自设的真空中，不肯接受也不愿意付出，结果，你很可能会窒息。

人类最快乐的东西就是想到有人需要自己，想到自己很重要，很有能力帮助别人得到更多的快乐。快乐是一种心理习惯、一种心理性格，如果不在现在加以了解和实践，将来也永远体会不到。快乐不是在解决某种外在问题后能产生的。一个问题解决了，另一个问题还会出现。生活本身就是一系列问题。

心灵启迪

只有敞开心胸、乐于付出，快乐、富裕和真正的自由，才能涌进你的心中。

让乐观主宰你的一生

要想拥有快乐，我们要有一双善于发现快乐的眼睛，并拥有乐观的思想态度。

20世纪最具影响力的英国思想家罗素，在1924年来到中国的四川。那个时候的中国，军阀割据，战乱频仍，山河破碎，民不聊生。罗素刚写完他的巨著《幸福论》，他希望以自己的思想教化引导中国人摆脱苦难。

当时正值夏天，四川的天气非常闷热。罗素和陪同他的几个人坐着那种两人抬的竹轿上峨眉山。山路非常陡峭险峻，几位轿夫累得大汗淋漓。此情此景，使作为一个思想家和文学家的罗素没有了心情观赏峨眉山的景观，而是思考起几位轿夫的心情来。他想，轿夫们肯定痛恨他们几位坐轿的人，这样热的天气，还要他们抬着上山。甚至他们或许正在思考，为什么自己是抬轿的人而不是坐轿的人？

罗素思考着的时候，到了山腰的一个平台，陪同的人让轿夫停下来休息。罗素下了竹轿，认真地观察轿夫的表情。他看到轿夫们坐成行，拿出烟斗，又说又笑，讲着很开心的事情，丝毫没有怪怨天气和坐轿人的意思，也丝毫没有对自己的命运感到悲苦的意思。他们还饶有趣味地给罗素讲自己家乡的笑话，很好奇地问罗素些外国的事情。他们在交谈中不时发出高兴的笑声……

罗素在他的《中国人的性格》一文中讲到了这个故事。而且，他因此得出了一个著名的人生观点：用自以为是的眼光看待别人的幸福是错误的。

莎士比亚在谈到人生的处境时曾经有过一个很经典的比喻。他说我们的身心就是一个园圃，而我们的主观意志就是园圃的园丁。不论我们是种植奇花异草还是单独培植一种树木，还是任其荒疏，那权力都在我们自己手中。也就是说，你假如愿意自己是快乐幸福的，你就可以做到，权利都在你自己的手里。一切都在我们个人的主观意志之中，我们可以让自己的生活充满喜悦，我们也可以让自己的生活丰富多彩。也就是说，不论我们处于什么境地，我们都可以把它当作自己的福地。成功的时候，尽情地享受成功；逆境的时候，为未来的希望快乐。

因此说，坐轿子的人未必是幸福的，抬轿子的人未必不是幸福的。

快乐是什么？快乐不是腰缠万贯的富有，不是珠光宝气的靓丽，也不是功成名就的潇洒。快乐是一种心境，快乐是一种态度。快乐不会因为你高贵就垂青你，也不会因为你贫贱而远离你。当你看到在一个贫困的小山村里，一对老夫妻坐在一桌简单的饭菜前，你一箸我一筷地相互谦让，就着几样普通的小菜频频举杯时，你怎能不认为他们是快乐的呢？

心灵启迪

别人眼中的快乐不是快乐，自己心中的快乐，才是真正的快乐。

第二章 爱与感恩

如果有人问我，教育孩子需要哪一种资格，我会说那需要异乎寻常的耐心和适量的爱心。

——伊罗丝

让我们乘着爱的小舟，畅游爱的一生吧！让世界充满爱！让我们的生活充满爱！让爱永存人间！有了爱，心头的烦恼才会被吹散；有了爱，干涸的心田才会被滋润；有了爱，生命的活力才会得到完全的燃烧……

有一种爱必须细说

父母的爱，兄弟的爱，朋友的爱，老师的爱，社会的爱……爱，在我们的生活中无处不在。爱是氧气，没有人能离开爱而活着；爱是水，缺了它，生命将难以存活。有许许多多感人至深的爱，它就发生在我们身边，我们必须细说。

大爱无言

最感人的爱是无声的，它不是用嘴巴来说的，而是体现在具体的行动中。

读大学的那几年，每逢双休日，我就在姨妈的小饭店里打工。那是一个春寒料峭的黄昏，店里来了一对特别的客人，父子俩。说他们特别，是因为那父亲是盲人，他身边的男孩小心地搀扶着他。那男孩看上去才二十来岁，衣着朴素寒酸，身上却带着沉静的书卷气，应该是一个正在求学的学生。

男孩来到我的面前：“两碗牛肉面。”他大声地说着，我正要开票，他忽然又朝我摇摇手。我诧异地看他，他歉意地笑了笑，然后用手指指我身后的价目表，告诉我，要一碗牛肉面、一碗葱油面，我先是一怔，接着恍然大悟，他叫两碗牛肉面是叫给他父亲听的，实际上是囊中羞涩，又不愿让父亲知道。我会意地冲他笑了。

厨房很快就端来了两碗热气腾腾的面。男孩把那碗牛肉面移到父亲面前，细心地招呼：“爸，面来了，小心烫着。”自己则端过那碗清汤面。老人却并不急着吃，只是摸索着用筷子在碗里探来探去，好不容易夹住了一块牛肉就忙不迭地把肉往儿子的碗里夹。“吃，你多吃点。”老人慈祥地说，一双眼睛虽无神，脸上的皱纹却布满温和的笑意。

让我感到奇怪的是，那个做儿子的男孩并不阻止父亲的行为，而是默不作声地接受了父亲夹来的肉片，然后再悄无声息地悄悄地把肉片夹回到父亲的碗中。周而复始，那父亲碗中的肉片似乎永远也夹不完。

“这个饭店真厚道，面条里的肉这么多。”老人感叹着，一旁的我不由一阵汗颜，那只是几片屈指可数的肉片啊。做儿子的这时趁机接话：“爸，您快吃吧，我的碗里都快装不下了。”

“好，好，你快吃。”

姨妈不知什么时候也站到了我的身边，静静地凝望着这对父子。这时厨房的小张端来一盘干切牛肉。姨妈努嘴示意小张把盘子放在那对父子的桌上，男孩抬头环视了一下，见这一桌并无其他顾客，忙轻声提醒：“你放错了吧？我们没要牛肉。”姨妈微笑着走了过去：“没错，今天是我们开业年庆，牛肉是赠送的。”男孩笑笑，不再提问。他又夹了几片牛肉放入父亲的碗中，然后把剩下的装入袋中。

我们就这样静静地看到他们吃完，然后再目送着他们出门。

这对父子走后，小张去收碗时，忽然轻声叫起来。原来那男孩的碗下，还压着几张纸币，一共是6块钱，正好是我们价目表上一盘干切牛肉的价钱。一时间，我和姨妈都说不出话来，只有无声的叹息静静地回荡在每个人的心间。

心灵启迪

大道至简，大爱无声。

爱的约定

矿工下井刨煤时，一镐刨在哑炮上。哑炮响了，矿工当场被炸死。因为矿工是临时工，所以矿上只发放了一笔抚恤金，不再过问矿工妻子和儿子以后的生活。

在经历了丧夫之痛之后，悲痛的妻子感受最多的是来自生活上的压力。她无一技之长，只好收拾行装准备回到那个闭塞的小山村去。那时矿工的队长找到了她，告诉她说矿工们都不爱吃矿上食堂做的早饭，建议她在矿上支摊儿，卖点早点，一定可以维持生计。

矿工妻子想了一想，便点头答应了。于是一辆平板车往矿上一支，馄饨摊儿就开张了。8毛钱一碗的馄饨热气腾腾，开张第一天就一下来了12个人，随着时间的推移，吃馄饨的人越来越多，最多时可达二三十人，而最少时从未少过12个人，而且风霜雨雪从不间断。时间一长，许多矿工妻子都发现自己的丈夫养成了一个雷打不动的习惯：每天下井之前必须吃上一碗馄饨。

妻子们百般猜疑，甚至采用跟踪、质问等种种方法来探求真相，结果均一无所获。直到有一天，队长刨煤时被哑炮炸成重伤，弥留之际，他对妻子说："我死之后，你一定要接替我每天去吃一碗馄饨。这是我们队12个兄弟的约定，自己的兄弟死了，他的老婆孩子，咱们不帮谁帮。"

从此以后每天早晨，在众多吃馄饨的人群中，又多了一个女人的身影。来去匆匆的人流不断，而时光变幻之间唯一不变的是不多不少的12个人。

转眼间十年过去了，当年矿工的儿子长大成人。而他饱经苦难的母亲已两鬓斑白，却依然用真诚的微笑面对着每一个前来吃馄饨的人，那是发自内心的真诚与善良。

更重要的是，前来光临馄饨摊儿的人，尽管年轻的代替了年老的，女人代替了男人，但从未少过12个人。穿透十几年岁月沧桑，依然闪亮的是12颗金灿灿的爱心。

心灵启迪

约定是真情的铸造，可以穿越世间最昂贵的时光抵达永远，这种约定就是爱。

母爱如佛

有这样一个古老的东方故事。

从前，有个年轻人与母亲相依为命，生活相当贫困。后来年轻人由于苦恼而迷上了求仙拜佛。母亲见儿子整日念念叨叨、不事农活的痴迷样子，苦劝过几次，但年轻人对母亲的话不理不睬，甚至把母亲当成他成仙的障碍，有时还对母亲恶语相向。

有一天，这个年轻人听别人说起远方的山上有位得道的高僧，心里不免仰慕，便想去向高僧讨教成佛之道，但他又怕母亲阻拦，便瞒着母亲偷偷从家里出走了。

他一路上跋山涉水，历尽艰辛，终于在山上找到了那位高僧，高僧热情地接待了他。

听完他的一番自述，高僧沉默良久。当他向高僧问佛法时，高僧开口道：“你想得道成佛，我可以给你指条道。吃过饭后，你即刻下山，一路到家，但凡遇有赤脚为你开门的人，这人就是你所谓的佛。你只要悉心侍奉，拜他为师，成佛就是一件非常简单的事情！”

年轻人听了非常高兴，谢过高僧，就欣然下山了。

第一天，他投宿在一户农家，男主人为他开门时，他仔细看了看，男主人没有赤脚。

第二天，他投宿在一座城市的富有人家，更没有人赤脚为他开门。

他不免有些灰心。

第三天，第四天……他一路走来，投宿无数，却一直没有遇到高僧所说的赤脚开门人，他开始对高僧的话产生了怀疑。发现自己已经快到家时，他彻底失望了。于是在日落时，他没有再投宿，而是连夜赶回家。到家时已是午夜时分，疲惫至极的他费力地扣动了门环。屋内传来母亲苍老的声音：“谁呀？”

“是我，妈妈。”他沮丧地答道。

门很快打开了，一脸憔悴的母亲大声叫着他的名字把他拉进屋里。在灯光下，母亲流着泪端详他。

这时，他一低头，蓦地发现母亲竟赤着脚站在冰凉的地上！刹那间，灵光一闪，他想起高僧的话，他突然什么都明白了。

年轻人泪流满面，“扑通”一声跪倒在母亲面前。

心灵启迪

不管你是怎么的失意与落魄，母亲的怀抱永远是你可以停泊栖息的港湾。

化解仇恨

苏联著名作家叶夫图申科在《提前撰写的自传》中讲到过这样一则十分感人的故事。

1944年的冬天，饱受战争创伤的莫斯科异常寒冷，两万德国战俘排成纵队，从莫斯科大街上依次穿过。

尽管天空中飘飞着大团大团的雪花，但所有的马路两边，依然挤满了围观的人群。大批苏军士兵和治安警察，在战俘和围观者之间，划出了一道警戒线，用以防止德军战俘遭到围观群众愤怒的袭击。

这些老少不等的围观者大部分是来自莫斯科及其周围乡村的妇女。她们之中每一个人的亲人，或是父亲，或是丈夫，或是兄弟，或是儿子，都在德军所发动的侵略战争中丧生。她们都是战争最直接的受害者，都对悍然入侵的德军怀着满腔的仇恨。

当大队的德军俘虏出现在妇女们的眼前时，她们全都将双手攥成了愤怒的拳头。要不是有苏军士兵和警察在前面竭力阻拦，她们一定会不顾一切地冲上前去，把这些杀害自己亲人的刽子手撕成碎片。

俘虏们都低垂着头，胆战心惊地从围观群众的面前缓缓走过。

突然，一位上了年纪、穿着破旧的妇女走出了围观的人群。她平静地来到一位警察面前，请求警察允许她走进警戒线去好好看看这些俘虏。警察看她满脸慈祥，没有什么恶意，便答应了她的请求。

于是，她来到了俘虏身边，颤巍巍地从怀里掏出了一个印花布包。打开，里面是一块黝黑的面包。她不好意思地将这块黝黑的面包，硬塞到了一个疲惫不堪、拄着双拐艰难挪动的年轻俘虏的衣袋里。年轻俘虏怔怔地看着面前的这位妇女，刹那间已泪流满面。

他扔掉了双拐，“扑通”一声跪倒在地上，给面前这位善良的妇女重重地磕了几个响头。其他战俘受到感染，也接二连三地跪了下来，拼命地向围观的妇女磕头。于是，整个人群中愤怒的气氛一下子改变了。

妇女们都被眼前的一幕所深深感动，纷纷从四面八方涌向俘虏，把面包、香烟等东西塞给了这些曾经是敌人的战俘。

叶夫图申科在故事的结尾写了这样一句令人深思的话：“这位善良的妇女，刹那之间便用宽容化解了众人心中的仇恨，并把爱与和平播种进了所有人的心田。”

心灵启迪

消灭敌人的最好方法，不是武力，而是用爱把他们变成朋友。

爱，能创造奇迹

爱的力量是无限的，许许多多的奇迹是因为爱的力量创造的。无论是人类的爱，还是动物界的爱，都有许多创造奇迹的故事。现在就让我们来感受这种爱的力量吧。

母子鸟的力量

在地球最北端的格陵兰岛上有这样一种鸟：假如你逮住了母鸟，用不了多长时间，它的孩子们一定会千方百计地飞来寻找它们的母亲，不论你把母鸟藏到哪里，带到多远的地方；同样的，假如你逮住了雏鸟，它的母亲也会千方百计地寻找到它的孩子，不论你把它的孩子带到哪里。

岛上的人们把这种鸟叫母子鸟。

格陵兰岛的大部分土地都在北极圈以内，土地长年冰封，岛上的人们主要以狩猎为生。要按我们一般的想法，岛上的猎人只要想办法逮住母鸟或子鸟，坐在家里等着大批的鸟自投罗网就可以了，这是何等事半功倍的事情啊。但是，格陵兰岛上的居民们没有这样去做，千百年来，岛上从来也没有人去射杀母子鸟。这个传统一辈一辈地流传下来，成为格陵兰岛上不成文的法律。

格陵兰岛上几乎没有三口两口的小家庭，大多是几十口人的大家庭，直到实在是住不下了，才恋恋不舍地分开居住。人们说，连鸟都知道亲情团圆，都知道千里相随，我们人为什么要骨肉分离呢？

岛上的大部分居民还处在半原始的生活状态，但几乎所有到了这个岛上的人，都被他们注重亲情、和睦相处的情景所感动。岛上几乎没有什么法律，更谈不上军队和警察，但他们却和睦快乐地生活着。

心灵启迪

只有依靠，才能在互相安慰中得到快乐、恬淡的生活。

我能行

有一个男孩，他与父亲相依为命，父子感情特别深。男孩喜欢橄榄球，虽然在球场上他常常是板凳队员，但他的父亲仍然场场不落地前来观看，每次比赛都在看台上为儿子鼓劲。

整个中学时期，男孩没有误过一场训练或者比赛，但他仍然是一个板凳队员，而他的父亲也一直在鼓励着他。

当男孩进了大学后，他参加了学校橄榄球队的选拔赛。能进入球队，哪怕是跑龙套他也愿意。人们都以为他不行，可这次他成功了。教练挑选了他是因为他永远都那么用心地训练，同时还不断给别的同伴打气。

但男孩在大学的球队里，还是一直没有上场的机会。转眼就快毕业了，这是男孩在学校球队的最后一个赛季了，一场大赛即将来临。

那天男孩小跑着来到训练场，教练递给他一封电报，男孩看完电报，突然变得死一般沉默。他拼命忍住哭泣，对教练说：“我父亲今天早上去世了，我今天可以不参加训练吗？”教练温和地搂住男孩的肩膀，说：“这一周你都可以不来，孩子，星期六的比赛也可以不来。”

星期六到了，那场球赛打得十分艰难。当比赛进行到3/4的时候，男孩所在的队已经输了10分。就在这时，一个沉默的年轻人悄悄地跑进空无一人的更衣间，换上了他的球衣。当他跑到球场边线，教练和场外的队员们都惊异地看着这个满脸自信的队友。

“教练，请允许我上场，就今天。”男孩央求道。教练假装没有听见。今天的比赛太重要了，差不多可以决定本赛季的胜负，他当然没有理由让最差的队员上场。但是男孩不停地央求，教练终于让步了，觉得再不让他上场实在有点对不住这孩子。“好吧，”教练说，“你上去吧。”

很快，这个身材瘦小、籍籍无名、从未上过场的球员，在场上奔跑、过人、拦住对方带球的队员，简直就像球星一样。他所在的球队开始占据场上主动，很快比分打成了平局。就在比赛结束前的几秒钟，男孩一路狂奔冲向底线，得分！赢了！男孩的队友们高高地把他抛起来，看台上球迷的欢呼声如山洪般暴发！

看台上的人们渐渐走空，队员们沐浴过后也一一离开了更衣间，教练注意到，男孩安静地独自一人坐在球场的一角。教练走近他，说：“孩子，我简直不能相信，你简直是个奇迹！告诉我你是怎么做到的？”

男孩看着教练，泪水盈满了他的眼睛。他说：“你知道我父亲去世了，但是你知道吗？我父亲根本就看不见，他是瞎的！”

“父亲现在在天上，他第一次能够真正地看见我比赛了！所以我想让他知道，我能行！”

心灵启迪

爱，可以激发一个人的内在潜力。

上帝的妻子

假若我们不能成为上帝，就做上帝的妻子吧！只要我们能和他一样博爱，做他的孩子，或者做他的仆人，都好。

纽约，在寒冷的圣诞夜里，一个大约10岁的小男孩站在百老汇一家鞋店的门前，他光着脚，隔着橱窗呆呆地往里面看，身子因为寒冷而颤抖。

一位女士走近男孩，问道："小家伙，你这么认真地在看什么？"

"我曾经请求上帝赐给我一双鞋子，我想知道这里面有没有。"男孩回答。

女士牵起他的手，走进店内。她让店员给男孩拿来半打袜子，然后她又问店员，可否打来一盆热水，再拿一条毛巾。店员欣然照办了。

她把小家伙带到店堂后面，脱下手套，跪着身子将男孩的脚放进热水里，为他洗脚，然后用毛巾擦干。

这个时候，店员拿着袜子回来了。女士取出其中一双为孩子穿上，又为他买了一双鞋，再把剩下的几双袜子包起来交给男孩。

在鞋店门口，女士拍着男孩的头说："小伙子，你现在觉得舒服点儿了吗？"

当她正要转身离去的时候，小男孩在后面拉住了她的手，抬头注视着她的脸。他的眼中含着泪水，用颤抖的声音问这位女士："你是上帝的妻子吗？"

心灵启迪

同情心和乐善好施是人类本能的力量，当你祈祷上帝时，其实上帝就在你的心中。

最好的养料

一个小男孩几乎认为自己是世界上最不幸的孩子，因为患脊髓灰质炎而留下了瘸腿和参差不齐且突出的牙齿。他很少与同学们游戏或玩耍，老师叫他回答问题时，他也总是低着头一言不发。

在一个平常的春天，小男孩的父亲从邻居家讨了一些树苗，想把它们栽在房前。父亲叫自己的孩子们每人栽一棵。父亲对孩子们说，谁栽的树苗长得最好，就给谁买一件最喜欢的礼物。小男孩也想得到父亲的礼物，但看到兄妹们蹦蹦跳跳提水浇树的身影，不知怎么地，萌生出一种阴冷的想法：希望自己栽的那棵树早点死去。因此浇过一两次水后，小男孩再也没去搭理它。

几天后，小男孩再去看自己种的那棵树时，惊奇地发现它不仅没有枯萎，而且还长出了几片新叶子，与兄妹们种的树相比，显得更嫩绿、更有生气。父亲兑现了他的诺言，为小男孩买了一件他最喜欢的礼物，并对他说，从他栽的树来看，他长大后一定能成为一名出色的植物学家。

从那以后，小男孩慢慢变得乐观向上起来。

一天晚上，小男孩躺在床上睡不着，看着窗外那明亮皎洁的月光，忽然想起生物老师曾说过的话：植物一般都在晚上生长，何不去看看自己种的那棵小树。当他轻手轻脚来到院子里时，却看见父亲用勺子在向自己栽种的那棵树下泼洒着什么。顿时，一切他都明白了，原来父亲一直在偷偷地为自己栽种的那棵小树施肥！他返回房间，任凭泪水肆意地奔流……

几十年过去了，那瘸腿的小男孩虽然没有成为一名植物学家，但他却成了美国总统，他的名字叫富兰克林·罗斯福。

心灵启迪

爱是生命中最好的养料，哪怕只是一勺清水，也能使生命之树茁壮成长。

让爱在灵魂深处绽放

爱，就藏在人的心里，它不是每时每刻都展现的，在遇到适当的时刻和适当的环境时，爱之花就会突然绽放，它是多么耀眼，多么美丽，多么让人感动。

母亲站在你身后

15岁那年，他参加了全市组织的乒乓球比赛。不大的体育馆座无虚席。比赛中，他发挥得并不好，许多很有把握的球，他都没有打好。比赛结束后，观众散去了，其他队员也散去了，只有他坐在长凳上黯然神伤。他开始怀疑，自己是不是本无打球的天分，却错走到了这条路上。

他不知道一个人在体育馆呆坐了多长时间。他觉得有些饿了，开始收拾东西准备回去，就在这时候，他一回头，看到不远的看台上，还有另一个人静静地在那里坐着。他抬头的一刹，正好与她的微笑相对，是母亲。

他扔下所有的东西，疯一样跑上看台，一头扑进母亲的怀里，放声大哭起来。他一边哭，一边大声责问妈妈："为什么近在咫尺而不管我？"

妈妈笑了，抚摸着他的头说："儿子啊，人生最难的路需要自己去走，妈妈不能帮你。”

他反问妈妈：“那你为什么不和其他观众一起走，还要留在这里？”

妈妈说：“孩子，无论你多难，妈妈都会站在你的身后，永远地看着你……”

第二年，还是在这个体育馆，还是一样的比赛，他战胜了对手，也战胜了自己。后来的岁月中，他获得过许多不同级别的乒乓球冠军。

有一个记者采访他，问他取得人生辉煌的原因，他说：“我能有现在，是因为这些年来母亲一直站在我的身后，不计成败地关注着我。她的眼神温和、慈祥，充满着鼓励、信任、欣赏以及期待……”

记者不解地问：“天底下每一个孩子的身后，都有着母亲温暖的关注。有的人甚至远在异域他乡，依旧被母亲牵挂着，可为什么却不能取得像你一样的成功呢？”

他的回答很简单：“那是因为我比别人更在乎母亲。”

心灵启迪

母爱装在心里，成功指日可待。

爱是桶箍

从前，有一个老头，他临终前叫来五个儿子，对他们说：

“孩子，我快要死了，临死前，我要给你们讲一个寓言，你们要用心听，听完后要解释给我听。”

儿子们不知道老头要讲什么，都恭敬地站好，老头用目光扫视了一下他们，就开始讲了：

“森林里有棵橡树，很高很粗，树枝上结满了果实。它的根很深，吸收着地下的养分，暴风吹了它多少次，也吹不倒。

“有一天，一个樵夫来到森林里，看中了这棵橡树，就卷起袖子，砍起树来。天快黑时，他砍倒了大树。然后他把树枝砍光，把树干拖到木匠作坊里，锯成木板，装上大车，运走了。回家后，他用木板做了一只木桶，套上箍，每天往桶里倒满刚酿好的冒泡酒，然后卖给要办喜事的农民。就这样，他过了很多日子。

“时间久了，有一天桶箍坏了，木桶板都松了，酒漏光了，于是桶干裂了。主人没有及时加上新的箍，木桶板都散开了，后来，孩子们抽走了桶箍，在街上滚圆环，女主人把木桶片和桶底当柴烧了。就这样，好好的一只桶，现在无影无踪了！故事完了，现在你们给我说明这个寓言的意义吧。”

五个兄弟们你看看我，我看看你，想了好长时间也没弄明白父亲的意思。

“你们年纪还小，不明白，那么我来告诉你们，你们听好：生长着大树的森林是我们的国家，国家是永久的；树木是人民，人民也是永生的；桶是家庭，木桶片是我们大家，桶箍则促使我们和睦、团结；而酒是快乐。爱就是桶箍，它能使家庭和睦，生活就会幸福快乐。所以，要用心中的爱来维护家庭的幸福，我的孩子啊！”

兄弟们一下都明白了，一起握住父亲的手，说：“爸爸，我们感谢您的忠告，我们一辈子不会忘记的。”

心灵启迪

家是一个温暖的港湾，互相尊重、团结和睦，才是港湾温馨的纽带。

便当里的头发

在那个贫困的年代里，很多同学往往连带个像样的便当到学校上课的能力都没有，我邻座的同学就是如此。

他的饭菜永远是黑黑的豆豉，我的便当却经常装着火腿和荷包蛋，两者有着天壤之别。

而且这个同学，每次都会先从便当里挑拣出头发之后，再若无其事地吃他的便当。这个令人浑身不舒服的发现一直持续着。

“可见他妈妈有多邋遢，竟然每天的饭里都有头发。”同学们私底下议论着。为了顾及他的自尊，同学们又不能表现出来，总觉得好肮脏，因此对他的印象也开始大打折扣。

有一天学校放学之后，那个同学叫住了我：“如果没什么事就去我家玩吧。”虽然心中不太愿意，不过自从同班以来，他第一次开口邀请我到他家里玩，所以我不好意思拒绝他。

随朋友来到了位于这个城市最陡峭地形的某个贫民村。“妈，我带朋友来了。”

听到同学兴奋的声音之后，房门打开。他年迈的母亲出现在门口。“我儿子的朋友来啦，让我看看。”

但是走出房门的同学母亲，只是用手摸着房门外的梁柱。

原来她是双眼失明的盲人。我感觉到一阵鼻酸，一句话都说不出来。

同学的便当里的菜虽然每天如常都是豆瓣，却是眼睛看不到的母亲，小心翼翼帮他装的便当，那不只是一顿午餐，更是母亲满满的爱心，甚至连掺杂在里面的头发，也一样是母亲的爱。

心灵启迪

误解，是因为不了解，当你了解了事情的真相后，留下的只有感动。

保罗的礼物

保罗的母亲洗涮好晚餐器具，便轻轻来到保罗的床边。保罗的小床搁在厨房里，因为厨房内的火炉使房间异常温暖。

母亲微笑着说："孩子，我想去趟雷利家，去把他们家的收音机借来听一会，你说好吗？"

保罗感觉到睡衣口袋里的那封信。他迅速抓住母亲的手："不，您别出去了，您已经太累，妈妈。"

母亲坐在床上，紧挨着保罗，说："你一定以为妈妈把你今天的生日忘掉了吧。"

保罗将他的手放在口袋内按住信，以免信纸嚓嚓作响。"哦，不，妈妈！我自己都忘了今天是我的生日。"

"11岁，"她说，"想想看，你现在就11岁了。"

"您今晚就待在这儿吧，您总是在听收音机时就入睡的。"

她吻了吻儿子的额头。"我爱你，孩子。你知道，我多想送你一件礼物啊。"

"但是，妈妈，"他坚持说，"这张新床不就是您送给我的礼物吗？"他坐起来看着窗外，"我今天什么也不需要，真的，妈妈。"

母亲站了起来。"今天会有个令你吃惊的节目，我很快就会回来的。"她解开自己的围巾搭在保罗肩上，"在我们睡觉前，将有精彩的节目，你等着吧。"她笑了，脸上劳累和忧虑的痕迹，似乎都消失了。

保罗注视着母亲走进风雪之中，那瘦弱的身影不久便融入了惨白的世界。他觉得自己的喉咙似乎被什么堵住了，忙低头去读那封信。

他打开里面的信纸，呆住了，他认出信是母亲写给广播电台的。这时候，保罗已经不能控制自己了，他匆匆读下去……

“先生们：

本月26日将是我儿子11岁生日。我知道在每天晚上8：30分的‘家庭之圈’节目里你们会念生日祝福。因此我想你们是否能在他生日那天念他的名字，并给他以生日祝福。

他病在床上已经10个月了，但他从不抱怨，他坚持自学课程。我希望您在广播中这样说：新泽西市的保罗·哈克特，今天是你11岁的生日。祝贺你，保罗，因为你是一个勇敢而乐观的孩子，应该得到最好的运气，祝你生日快乐。”

在信的顶端是电台的答复：

“我们很遗憾地通知您，‘家庭之圈’的生日问候节目至本月25号取消，对不起。”

这时候，保罗看见母亲捧着收音机向家里走来，走得好慢。她看上去又瘦又小，雪花落了她一身，白发被风搅得乱乱的，保罗的眼睛也像沾上了雪花，湿湿的。

她把收音机放在桌上。“现在是8：10分，还有20分钟节目就开始了。”

她打开收音机，于是，屋子里飘满了温馨的音乐。音乐一停，“家庭之圈”节目就开始了。

“妈妈。”他轻轻叫了一声。

“什么？孩子。”

“哦，没什么，您休息吧。”保罗咬了咬嘴唇。音乐终于停了。保罗的表情有些紧张。

“现在是‘家庭之圈’节目，请父亲、母亲和孩子们注意了，现在是……”收音机里传来广播员那淳厚的男中音。

保罗眼睛死死地盯着窗外。他屏住了呼吸。母亲的手正紧握着他的手。

“首先，”播音员说，“我们广播一项启事。本来我们打算取消‘生日问候’节目……”

哦！计划变了！可是妈妈的信怎么退回了呢？莫非在他们改变计划之前，就退回了信！或许他们已把我的名字记下来了吧。

“今天过生日的有马丁·泰德……查理斯太太……史密斯先生……詹姆士·沃克夫妇。”

名单结束了。

但是应该还有更多的名字，至少还有一个名字没念啊！保罗身子在发抖。会不会一部分名字放在开头，另一部分名字放在结尾呢？

接着放歌曲，圣经朗诵，节目预告。好一阵，节目全部结束了，没有保罗的名字。

保罗感到自己的眼泪流了下来。慢慢地，他扭头看母亲。母亲早睡着了，睡梦中她微笑着。

保罗擦干眼泪。他摇了摇母亲，“妈，”他大声说，“妈，你听见了吗？你听见他们说了些什么吗，妈？”

她的眼睛睁开了。“什么？孩子。天啊，我怎么睡着了，他们说了些什么？”

“他们说今天是我的生日，说我是勇敢而乐观的孩子，并祝我生日快乐。哦，妈妈！”他把头埋进母亲怀里。母亲微笑着，眼里闪耀着爱怜与自豪的光芒。

保罗也含着泪花笑了，他感到自己收到了最珍贵的礼物。

心灵启迪

世上最伟大的礼物不是黄金，而是亲情之爱。

感恩的心让生命更美丽

我们每个人的成长都会受恩于父母，受恩于社会，以及其他帮助过我们的人。回报父母，回报社会，回报曾经帮助过我们的人，是我们做人的根本，当你带着感恩的心去生活的时候，你的生命才会更美丽。

感恩的蚂蚁

炎热的夏天来到了。一天，一只蚂蚁来到池塘边散步，风儿拂过池塘吹来，带着丝丝的凉爽，蚂蚁感到很惬意。

突然，有一股小卷风向蚂蚁这边袭来。小小的它来不及躲藏，旋风把它卷到了空中，最后丢到了池塘里……

就在小蚂蚁危在旦夕之际，树上有一只鸽子看到了这个情景，“哎呀，小蚂蚁真是好可怜啊！我得帮帮它！”鸽子急忙从树枝上啄下一片叶子，丢到了正在池塘里挣扎的蚂蚁身边。蚂蚁爬上叶子，叶子随着水波漂到了池边，蚂蚁得救了。

“多亏有鸽子的救助，要不我就被淹死了！”蚂蚁在心里深深地记住了鸽子的救命之恩。

日子一天天过去了。很久以后的一天，有一个猎人出现在附近。他发现了树上的鸽子，举枪瞄准。鸽子一点也没有察觉，蚂蚁急了，奋力爬到猎人的脚上，使出浑身的力气狠狠地咬了一口……

“哎呀！痛死我啦！”猎人手一抖，子弹打偏了，鸽子逃过了这场劫难，小蚂蚁报答了鸽子当初的救命之恩。

细细地品味，这是一个值得所有人深思与反思的故事。它告诉我们，一个平时心存善良、乐于助人的人，关键时刻就会有朋友挺身而出、倾力相助。我们可以看到，鸽子当时对水中的蚂蚁施救时，没有想到小蚂蚁将来会对自己能有什么帮助。所以鸽子对蚂蚁的帮助是非常纯粹的。一个人如果抱有取得回报的心去帮助别人，那就不是纯粹的善心。

当然了，有着这样心思的人，就不会轻易地去帮助他人，他也很难拥有真正的朋友。鸽子如果有这样的企图，当初恐怕也不一定会去救小蚂蚁。一个小小的蚂蚁怎么会有帮助鸽子的这一天呢？然而，正是鸽子没有图什么回报，才会出手帮助了小蚂蚁，在危急关头鸽子才得到了小蚂蚁的帮助。

心灵启迪

一个知道回报他人的人，是一个幸福的人。

“父亲”的画像

朋友风尘仆仆地从山野归来，收获了颇为厚重的美术作品。在那间狭窄的画室里，她兴奋地请理查德来鉴赏。理查德的脑海中没有任何专业的鉴赏概念，只是对画中的各色人物产生了兴趣，似乎早已忘记了主人让他看画是为了证明她画技的高超。

理查德的安静与专注令朋友感到安慰，她把一杯香茶递给他，说：“我正在为一个重要画展作准备，你以一个参观者的身份，从中为我挑出一张好吗？”

理查德随口应着，眼睛却盯住了一幅命名为《父亲》的画，那是一位面目苍凉的老人，孤寂地坐在老树下，双眸黯然，似乎透出了一种沉重与无奈。

“这是……”朋友扫了一眼，说，“那是我的爸爸。三年前老人来看我时随便画的，不好意思。唉，你还是多看看我的新作吧。”

话音刚落，她便顺手抽走了《父亲》，扔入了被她否定的一堆画纸中。

理查德的心悸动了一下，为了那位画中的父亲。因为朋友曾向他讲述过自己的身世，她幼年丧母，父亲含辛茹苦地供她读书上大学，决心帮她实现当一名画家的人生梦想。可如今小有成就的她，就这样把父亲随意地遗忘了。

在理查德告辞之际，朋友执意要他拿点意见，她说她相信他的感觉。理查德从那堆画中挑出了《父亲》，真诚坦白地告诉她：“我选这张，因为他是父亲，你是以一个女儿最淳朴的心来作画的，而不是以一个画家的身份。”

三个月后，理查德接到了朋友的赠票。在那个宽敞而静穆的展厅中，他看到了《父亲》。不远处，朋友搀扶着她的父亲向他走来。她说：“我把我爸从老家接来一起住了，趁机再多给老人画几幅画像。”她的父亲慈爱地望着出息的女儿，眼中闪现出了希望的亮色。

理查德一直记着朋友走出展厅后说的一番话。她说自己这些年太投入事业，变得过于急功近利了，为了在激烈的竞争中立于不败之地，竟然淡忘了许多美好的东西。“我的灵魂一度隐藏在了冬季，是你帮我找回了灵魂的春天，谢谢你。”

理查德说：“不要感谢我，我们都应感谢《父亲》。”

心灵启迪

任何时候都不能忘记自己的父母。

献给母亲的花

有位绅士在花店门口停了车，他打算向花店订一束花，请他们送去给远在故乡的母亲。绅士正要走进店门时，发现有个小女孩坐在路上哭，绅士走到小女孩面前问她说：

“孩子，为什么坐在这里哭？”

“我想买一朵玫瑰花送给妈妈，可是我的钱不够。”孩子说。

“这样啊。”于是绅士拉着小女孩的手走进花店，先订了要送给母亲的花束，然后给小女孩买了一朵玫瑰花。走出花店时绅士向小女孩提议，要开车送她回家。

“那你送我去妈妈那里，好吗？”

“好的。”绅士温和地说。

绅士按照小女孩说的路线一直开了过去，没想到走出市区之后，随着蜿蜒山路，竟然来到了墓园。小女孩把花放在一座新坟旁边，原来她是为了给一个月前刚过世的母亲献上一朵玫瑰花。

绅士将小女孩送回家中，然后再度折返花店。他取消了要寄给母亲的花束，而改买了一大束鲜花，直奔离这里有五小时车程的母亲家中，他要亲自将花献给母亲。

心灵启迪

珍惜所拥有的那份母爱。真爱，尽孝在母亲有生之年。

忠义护主的狗

在乱葬岗里有一座特殊的坟墓，它是一座给狗立的坟墓，上面立着块小小的石碑，碑上写着“忠义护主的狗”，且时时有人给这坟培上新的土。原来随着狗一起埋葬着一个感人的故事。

大概是在新中国成立前，一个叫榆树崴子的地方有个老光棍，他家徒四壁，穷得什么都没有，只有一条癞皮狗。这狗板凳大小，短腿，一身脏兮兮的灰毛打着卷卷，且患有癞皮癣病，人见人烦，生怕沾染它身上的癣。

老光棍是在打草的路上发现它的，这只皮包骨头的小狗趴在路边，爪子交叉在胸前，有气无力，可怜巴巴地望着老光棍。一定是主人嫌弃它，把它抛弃了，好心的老光棍把它抱回家里，从此收留了它。

小狗长大了，老光棍带着它出去打草打柴，形影不离。但他无论用什么样的办法，都无法治好它身上的癞皮癣。这条狗也真没用，吃饱就睡，饿了就盯着人讨吃的，不分自家人还是外人，只要给它吃的就行。这既不能打猎也不会看家，对谁都摇晃尾巴，贼摸进门也一样欢迎，绝对开门揖盗。

街坊邻居都劝老光棍，要这么个东西有啥用，连门都不会看，既然舍不得打死它吃狗肉，还不如扔掉它，再养一条好狗。老光棍也知道这狗确实不争气，不过再怎么说总是一条狗呀！“它是没大用处，我和它处惯了，起码有个伴儿！”老光棍谢绝大伙的劝告，一如既往地和癞皮狗生活在一起……

转眼已到夏天，有一次老光棍去白桦林打柴，下乱葬岗子时不慎跌落陡崖，当场头破血流昏死过去。癞皮狗“呜呜”地哀叫着，急得团团乱转，怎么也唤不起昏迷不醒的主人。那年夏天天气特别热，老光棍躺在毒日头下，汗水和血水一滴到石头上就蒸发干了。由于酷热和流血过多，他几次昏过去又醒过来，蠕动着嘴唇说：“水……水……”癞皮狗将耳朵贴在主人嘴边，终于弄懂他的意思。

可是这儿离江边至少两里远，对一只狗来说，要打到水是不可能的事情。癞皮狗并没有辜负主人的信任，不再迟疑。只见它跑到江边，在水里滚湿身上的长毛，含起一口江水，飞一样地返回乱葬岗子。

癞皮狗回到山脚下，赶紧对着主人的嘴巴吐出江水，可惜只够老光棍滋润一下喉咙的。它又将身子贴在主人的脸上，抖掉长毛里的水珠，让他多少凉快些……癞皮狗就这样一趟趟跑着，如法炮制，每次含一口水，滚湿长毛，以最快的速度喂主人一口，再抖掉身上的水珠让他凉快凉快。

一趟，两趟，三趟……它不知跑过多少趟，才好不容易把主人救醒了。老光棍醒来后说：“我动不了啦……你快回去找人来……”癞皮狗累得筋疲力尽，还是摇摇晃晃地跑回榆树崴子，游过江，冲进邻居家苦苦哀叫，叼住邻居的裤腿往外拽去，任人踢打也不松口。

街坊邻居们都觉得奇怪，这狗怎么了，疯了不成！终于有人想起来，眼瞅着太阳就要落山，老光棍怎么还没有回家？有人跑到江边，见老光棍的小船仍在对岸，再看看水淋淋的狗，立即明白它是游过江的，老光棍肯定出事了。

于是大家点起火把，划起小船，带着癞皮狗渡过江，让它在前面领路，寻找出事的老光棍。癞皮狗耷拉着舌头，连叫一声的力气都快没了，但在众人的鼓励和催促下，它仍旧拼尽最后一丝力气，挣扎着一路爬向自己的主人……摔伤的老光棍获救了，癞皮狗却从此再没有爬起来，它为救自己的主人活活累死了！

老光棍伤心至极，流着泪水做了口棺材，竖起一块小小的石碑，将他的癞皮狗埋葬在乱葬岗子上……榆树崴子一带的人，都知道癞皮狗舍命救主人的故事，非常敬佩这条狗，不管谁来给亲人上坟，都顺手给它添两锨土。

心灵启迪

懂得感恩的人，时刻会赢得所有人的尊敬和爱戴，即便是一条懂得感恩的狗，也不例外。

常怀一颗感恩的心

小伙子是个来城里打工的农村青年，给我们家装阳台窗户。一整天，他都闷头干活，也不说话，一直干到很晚。见他那么老实，我们留他吃晚饭。他很拘谨，连菜也不敢夹，妈妈热情地招呼他，就像对一个远道而来的客人，爸爸则递烟给他，跟他扯家常。

原来，他考上了大学，而那年他的弟弟也考上了县城的重点高中，家里太穷，负担不起两个人的开销，他只好放弃上大学外出打工。如今，他媳妇也娶了，儿子也生了，安心当了农民。我们听了，不甚惋惜。

妈妈想得实际而周到，翻拣出我们不穿的旧衣物还有洗衣粉等洗涤用品，装了满满半袋子送给他。他涨红了脸，推辞着不肯收。妈妈说，这都是我们不用的，闲放着也是闲放着，给你就拿着，回去也好帮衬媳妇过日子。他低头接过袋子，连句道谢的话也没有，扭头就走了。

日子像往常一样，一天天过去了，家里人很快就忘记了这件事。

半年后的一天，有人敲门。我开门一看，一个农村打扮、背着口袋的青年站在门口，我不认得他。他说，是我啊，给你家装窗户的。我忙招呼他进门，他拘束地坐在沙发上，搓着手缓缓地说，麦收的时候，他回了一趟家，说起我们帮他的事，全家人都很高兴。

他们想表示对我们的感谢，却找不出合适的办法。家里人商量了好久，最后他娘说把家里新收的粮食拣好的带上点，让我们尝尝鲜。那口袋里是新收的小米、黄豆、绿豆，还有新玉米面。

青年人放下东西，走了。我们却为这意外的结果感慨不已。我不知道，在城市里辗转打工的他如何在看似一模一样的楼群里牢牢认准了我的家，事隔半年后又准确地找了回来；我也不知道，他的心里究竟存着怎样的想法足以让害羞的他鼓足勇气再次走进我的家门。

我所知道的是，我曾接受过比他更大更多的帮助，可没有像他这样执着地心存感激，表达谢意；我也曾给予别人比他更多的支持和帮助，可我也不曾收到只言片语的谢意。当我认为这一切都是理所当然时，这个打工的青年却给我上了生动的一课。

心灵启迪

幸福就是帮助别人，幸福就是拥有一颗感恩的心。

第三章　宽广的心胸

孩子的身上存在缺点并不可怕，可怕的是作为孩子人生领路人的父母缺乏正确的家教观念和教子方法。

——珍妮·艾里姆

俗话说：“唯宽可以容人，唯厚可以载物。”宽容是一种乐观和豪爽，是一种对生活的热爱，也是一种人生的境界。因为，宽容了别人也就等于宽容了自己，对别人的释怀，也就是对自己的善待。

宽容赋予人完美

豁达是人生的一种智慧，是建立良好人际关系的法宝。生活中有许多事，当忍则忍，能让则让。忍让和宽容不是懦怯胆小，而是关怀体谅。忍让和宽容是给予，是奉献，是人生的一种智慧，是建立人与人之间良好关系的法宝。

宽容会打开爱的大门

一个人经历一次忍让，会获得一次人生的亮丽，经历一次宽容，会打开一道爱的大门。

一位画家在集市上卖画，不远处，前呼后拥地走来一位大臣的孩子，那位大臣在年轻时曾经把这位画家的父亲欺诈得心碎而死。这孩子在画家的作品前流连忘返，并且选中了一幅，画家却匆匆地用一块布把它遮盖住，并声称这幅画不卖。

从此以后，这孩子因为心病而变得憔悴，最后，他父亲出面了，表示愿意付出一笔高价。可是，画家宁愿把这幅画挂在自己画室的墙上，也不愿意出售。他阴沉着脸坐在画前，自言自语地说："这就是我的报复。"

每天早晨，画家都要画一幅他信奉的神像，这是他表示信仰的唯一方式。

可是现在，他觉得这些神像与他以前画的神像日渐相异。这使他苦恼不已，他不停地找原因。然而有一天，他惊恐地丢下手中的画，跳了起来：他刚画好的神像的眼睛，竟然是那大臣的眼睛，而嘴唇也是那么酷似。

他把画撕碎，并且高喊："我的报复已经回报到我的头上来了！"

这个故事告诉我们，一个人若心存报复，自己所受的伤害会比对方更大。报复会把一个好端端的人驱向疯狂的边缘，报复还能把无罪推向有罪。现在有很多的刑事案件就是因报复而引起的。

经心理学专家研究证实，报复心理非常有碍健康，高血压、心脏病、胃溃疡等疾病就是长期积怨和过度紧张造成的。有一位好莱坞的女演员，失恋后，怨恨和报复心使她的面容变得僵硬而多皱，她去找一位最有名的美容师为她美容。这位美容师深知她的心理状态，中肯地告诉她，"你如果不消除心中的怨和恨，我敢说全世界任何美容师也无法美化你的容貌。"

哲人说，宽容和忍让的痛苦，能换来甜蜜的结果。这话千真万确。

古时候有个叫陈嚣的人，与一个叫纪伯的人做邻居。有一天夜里，纪伯偷偷地把陈嚣家的篱笆拔起来，往后挪了挪。这事被陈嚣发现后，心想，你不就是想扩大点地盘吗，我满足你，他等纪伯走后，又把篱笆往后挪一丈。天亮后，纪伯发现自家的地又宽出了许多，知道是陈嚣在帮他，他心中很惭愧，主动找上陈家，把多侵占的地统统还给了陈家。

《寓圃杂记》中记述了杨翥的两件小事。

杨翥的邻人丢失了一只鸡，指骂被姓杨的偷去了。家人告知杨翥，杨翥说："又不止我一家姓杨，随他骂去。"又一邻居，每遇下雨天，便将自家院中的积水排放进杨翥家中，使杨家深受脏污潮湿之苦。家人告知杨翥，他却劝解家人："总是晴天干燥的时日多，落雨的日子少。"

久而久之，邻居们被杨翥的忍让所感动。后来，一伙贼人密谋欲抢杨家的财宝，邻人们得知后，主动组织起来帮杨家守夜防贼，使杨家免去了这场灾祸。

忍让和宽容说起来简单，可做起来并不容易。因为任何忍让和宽容都是要付出代价的，甚至是痛苦的代价。人的一生谁都会常常碰到个人的利益受到他人有意或无意的侵害的情况。为了培养和锻炼良好的心理素质，你要勇于接受忍让和宽容的考验，即使无法控制感情时，也要管住自己的大脑，忍一忍，就能抵御急躁和鲁莽，控制冲动的行为。如果能像陈嚣、杨翥那样再寻找出一条平衡自己心理的理由，说服自己，那就能把忍让的痛苦化解，产生出宽容和大度来。

心灵启迪

忍让和宽容不是懦怯胆小，而是关怀体谅。忍让和宽容是给予，是奉献，是人生的一种智慧，是建立人与人之间良好关系的法宝。

莫为小事动怒

美国研究应激反应的专家理查德·卡尔森说："我们的恼怒有80%是自己造成的。"这位加利福尼亚人把防止激动的方法归结为这样的话："请冷静下来！要承认生活是不公正的。任何人都不是完美的，任何事情都不会按计划进行。”

应激反应这个词从20世纪50年代起才被医务人员用来说明身体和精神对极端刺激（噪声、时间压力和冲突）的防卫反应。

现在研究人员知道，应激反应是在头脑中产生的。在即使是非常轻微的恼怒情绪中，大脑也会命令分泌出更多的应激激素。这时呼吸道扩张，使大脑、心脏和肌肉系统吸入更多的氧气，血管扩大，心跳加快，血糖水平升高。

埃森医学心理学研究所所长曼弗雷德·舍德洛夫斯基说：“短时间的应激反应是无害的，”他还说，“使人受到压力是长时间的应激反应。”他的研究所的调查结果表明：61%的德国人感到工作不能胜任；30%的人因为觉得不能处理好工作和家庭的关系而有压力；20%的人抱怨同上级关系紧张；16%的人说在路途中精神紧张。

理查德·卡尔森的一条黄金规则是：“不要让小事情牵着鼻子走。”他说：“要冷静，要理解别人。”

学会倾听别人的意见，不仅会使你的生活更加有意思，而且别人也会更喜欢你。每天至少对一个人说你为什么赏识他。不要试图把一切都弄得滴水不漏，只要找，总是能找到缺点的。这样找缺点，不仅会使你生气，也会使别人生气；不要顽固地坚持自己的权力，这会毫无意义地花费许多精力。

不要老是纠正别人，常给陌生人一个微笑，不要打断别人的讲话，不要让别人为你的不顺利负责。要接受事情不成功的事实，天不会因此而塌下来。请忘记事事都必须完美的想法，你自己也不是完美的，这样生活会轻松许多。

心灵启迪

表示感激之情，别人会感觉到高兴，你的自我感觉会更好。

宽容别人，方成海量

人要学会宽容人。法国著名作家雨果在《悲惨世界》中说："尽可能少犯错误，这是人的准则；不犯错误，那是天使的梦想。"

的确，在人的一生中，有谁不犯错误，不办错事呢？当人们办了错事，做了对不起别人的事的时候，总是渴望得到别人的谅解，总是希望别人把这段不愉快的往事忘掉。反过来说，如果自己遇到别人有对不起自己的言行时，就应该设身处地、将心比心地来理解和宽容别人。俗话说，"将军额上能跑马，宰相肚里能撑船"，"量小非君子，无度不丈夫"。这都是劝人在为人处世中要豁达大度，对人宽容。

不要担心自己做不到。我们之所以非常在意别人的过错，通常是害怕自己若不这么做就会变得"软弱"。我们常在潜意识里担心——"原谅"是不是代表自己已经向对方妥协？"原谅"是不是就等于屈服在对方的错误之下？事实上，"原谅"没有那么难，也没有那么伟大。

"原谅"对方，表示我们已经平静下来，不在情绪上和对方斤斤计较。

"过去就算了！"排除心中的疙瘩，将怨恨赶出情绪的牢笼。消极的意义，就是释放自己心中的负担而已，积极的意义，却是避免自己和别人再受到同样的伤害。

"原谅"并不代表"重新接纳"。"原谅"是情绪上的不计较。

"重新接纳"却是要当作一切不幸或伤害没有发生过。后者比较接近宗教的思考，凡人很难做到。

我们都是凡人，没有必要勉强自己。拥抱敌人的确是痛苦的，我们都无须矫情。对方的过错，由他去承担。我们内心的爱与坚持，却必须靠自己在受伤之后重建。用“原谅”释放了怨恨，才能把怨恨转化为力量。

西奥多·凯勒·斯皮尔斯强调：“如何宽容他人，这是我们需要学习的一种能力；我们不能将宽恕视为一种责任，或视为一种义务，而要把它当作类似于爱的体验，它应自发地到来。”

露西一生都痛恨她的父亲，而且她认为这个痛恨是完全正当的。因为露西的父亲抛弃了她的母亲、露西和其他的几个兄弟姐妹。每当她的母亲怀孕的时候，父亲就失踪了，直到婴儿降临到世上，父亲才露面。而当他一踏进家门，从前的痛苦经历就又会重演，他让每一个孩子都受尽打骂，有时候还用马鞭狠打母亲。露西的痛恨与苦恼最终伤了她的健康。其实宽恕对于她来说，是最好的解脱方式。

宽容不会失去什么，反而会得到一个人的心。正像明朝洪自诚所说：“处世让一步为高，退步即进步的张本；待人宽一分是福，利人实利己的根基。”

《圣经》中有一句话：“你待人当如人之待你。”西方人认为这是为人处世的“黄金规则”。因为这一规则贯穿这样一条规律：别人对待你的方式是由你对待别人的方式决定的。宽容是人类应该具有的一种修养，是一种美德。宽容来源于自信，来源于勇敢，来源于善良的心。宽容是融化人际间冰块的一剂良药。

北京潭柘寺内一副对联另有一番境界：“大肚能容，容天下难容之事；开口便笑，笑世上可笑之人。”这副对联在宽容上强调的是要容天下难容之事。一般人要宽容一般的事还比较容易，遇到难容的事能够宽容的就不容易了。对待难容之事，需要“糊涂”一点。

当然，宽容并不排斥严格要求，在大是大非的问题上尤其糊涂不得，而在涉及个人恩怨的问题上，还是“糊涂”一点好。郭沫若和鲁迅之间“曾用笔墨相讥”。但在鲁迅逝世之后，他却不像有人那样趁“公已无言时”前去“鞭尸”，而是挺身而出捍卫鲁迅精神。

同时，他还“深深自责”以前“偶尔闹孩子脾气和拌嘴”，他表示说：“鲁迅先生生前骂了我一辈子，他死后我却要恭维他一辈子。”坚持原则，不计较个人恩怨，郭沫若表现了可敬的豁达大度的精神。廉颇向蔺相如“负荆请罪”的故事也是如此，蔺相如大事清醒，在小事(个人恩怨)上“糊涂”，因此能在“难容”之事上采取宽容的态度。

心灵启迪

一个人要想使自己的生活更加美好，让自己的周围充满温情，就应当让自己多宽容别人。

做一个气度宏伟的人

有的人气量狭隘，受不得半点委屈，例如在听到别人的批评与事实稍有出入时，或是火冒三丈，暴跳如雷；或是垂头丧气，一蹶不振；或是自尊心受到侵犯，斤斤计较个人得失，丝毫不肯让步；甚至怨恨难消，走上轻生的绝路。但是也有的人气量宏大，胸襟开阔，对于别人的批评责难，能十分宽容、忍让，听得进反面意见，对于误会毫不介意，能委曲求全，以大局为重。

气量的狭隘与宽容，并不是一个人的秉性，而是思想修养程度的不同。

气量狭隘的人一方面是自尊心强，容不得别人对他说长道短；一方面又因眼光短浅，私心较重，在是非利害面前，不愿有丝毫亏损。气度宽宏的人也有自尊心，但能尊重他人，对于误解，善于忍让、等待而不急于辩白、还击。另外，他们站得高、看得远，处处以党的事业、人民的利益为重，对于个人得失，就能处之泰然。

气量狭隘怎么办？既然气量不是天生就有的，那就一定能从加强思想修养着手，开阔眼界，扩大胸怀，把自己锻炼成为一个气度宏伟的人。

首先思想上要树立全局的观点，事事以党的事业、人民的利益、集体的利益为重，眼光要看得远，要看到大范围：先是国家民族，然后才是局部利益、个人利益，一切服从整体。时间也有个大范围：今天、明天、后天，今年、明年、后年，遵循事物发展的必然程序来谋求解决，不能违反客观规律，急于求成。

其次，在对待同学、老师、亲友之间的关系上，也要处理好。原则是：严于律己、宽以待人。俗话说：将军额头能跑马，宰相肚里好撑船。在学习、生活上，应该互相信任、互相谅解、互相帮助；受到误解和委屈，只能是推诚相见，而不能一味地心存芥蒂、怨气冲天。

从心理学的角度来看，得到称赞和尊重，是人的基本需要。人都希望自己的工作、才能、成就受到社会的重视，被别人认可，希望有自己一定的社会地位，有应得的名誉，受到别人的尊重和认可。但是现实生活中，我们会遇到相反的意见，会遇到不喜欢我们的人，会遇到批评。那么如何来接受呢？

1. 分析持反对意见人的心理

持反对意见人的心理特点往往是：他是从个人的角度和利益出发的。涉及个人利益，有的人就会偏激地反对和否定你。如果遇到这类情况，他不是客观公平地看待你，那么你应该用理解和宽容去接受。如果对方的反对是建立在彼此理解的基础上，从大局出发的，那么我们应该认真接受批评和建议，吸收精华，改进自我。

2．克服完美主义

从相对论来说，世界本身永远也无法统一，美和丑，善和恶，光明和黑暗，幸福和痛苦，这些矛盾组合都是永远并存发展的。因此我们走出门去，遇到喜欢我们的人，也会遇到不喜欢我们的人。同样，我们会和自己喜欢的人一起合作，也会有不喜欢的人和我们相处。我们无法要求我们的眼睛看到的都是美丽，也无法要求全世界的人都喜欢自己。理解和接受了矛盾的本身存在，也就理解了别人攻击和反对的正常性，理解了矛盾，坦然而平静。

3．正确地评价自我

我们面对批评时，不是自卑、放弃、灰心、伤感，而是正确地评价自我。自我的正确认识，对保持健康的心态很重要。然而我们在根据有关信息、线索对自我进行评价的时候，往往会受到他人的影响，情绪的影响，外界压力的影响，同时会从本人的经验归纳出对自我的看法和观念，有时候就不免偏激。认识到这一点，评价自我就需要冷静的头脑。

心灵启迪

换个角度，心决定路。我们必须学会宽恕别人。

吃亏是福

聪明的人能从吃亏中学到智慧，悟透人生。在中国传统思想中，有“吃亏是福”一说。这是中国哲人所总结出来的一种人生观——它包括了愚笨者的智慧、柔弱者的力量，领略了生命含义的旷达和由吃亏退隐而带来的安稳与宁静。与这样貌似消极的哲学相比，一切所谓积极的哲学都会显得幼稚与不够稳重、不够圆熟。

吃亏是一种无形资产

市民李女士是做服装生意的，短短一年，她在大上海城等地开了分店。

为什么发展得这么快，李女士认为就是自己肯比别人吃亏。

刚开始做生意时，有个顾客买了件毛衣，都快一个月了，回来非说毛衣上有个洞，吵着要退货。

周围的商户都出来替李女士打抱不平，认为这个洞是谁弄的还不一定。但李女士还是为那位顾客换了件衣服。

当时有个女士看到这事后，在李女士店里挑了好几件衣服，还说，在这里买东西，放心。如今，她已成为店里的老顾客，还经常带朋友光临。

李女士说，这就是我意想不到的收获。宣传吃亏精神绝对不是让人犯傻，而是一种境界。它能磨炼人做事的能力和耐力，这是一种无形资产，绝不是用钱可以买得到的。

20世纪40年代，父亲病逝后，作为长子的李嘉诚，为养家糊口而放弃了学业，去一家钟表公司打工，之后又到一家塑胶厂当推销员。其他同事每天只工作8小时，而李嘉诚却工作16个小时，天天如此。

李嘉诚每天比同事多工作那么长时间，看着是吃亏了，但结果是，李嘉诚只花了一年时间，业绩便超越其他6位同事，他当时的销售成绩，是第二名的7倍。一年后，他当上了销售公司总经理。

李嘉诚有句名言："有钱大家赚，利润大家分享，这样才有人愿意与你合作。假如拿10%的股份是公正的，拿11%也可以，但是如果只拿9%的股份，就会财源滚滚。"

把更多的利润让给别人，看起来是件吃亏的事，可正因为这一点，才会有更多的人想与李嘉诚合作，生意自然没有做不大的道理。结果，李嘉诚才是占了最大"便宜"。

"吃亏"也许是指物质上的损失，但是一个人的幸福与否，却往往取决于他的心境。如果我们用外在的东西，换来了心灵上的平和，那无疑是获得了人生的幸福，这便是值得的。

若一个人处处不肯吃亏，处处必想占便宜，你还愿意和他交往吗？至少，吃亏能让你得到更多的友谊和信任，让商人得到更多的生意，甚至在遇到困难时得到更多的帮助；而友谊能给我们带来更大的快乐。

当我们真正理解了吃亏的含义时，我们可以重新调整我们的生命，并使它再度放射出绚丽的光芒。

心灵启迪

懂得吃亏的人，是真正的大智若愚。因为他得到的远比他亏的多得多。

难得糊涂

清代郑板桥的“难得糊涂”四字一直被一些人视为座右铭善加珍视。板桥先生表达的是一种对时政的愤懑心情，颇有无可奈何的心态。但在应酬圈中，“难得糊涂”却极有实用价值。

人们在社交中的心态是很复杂的。人人都希望在某些方面至少也要在一方面超过别人，以引起别人刮目相看，即不希望对方不停地炫耀自己，又不希望被别人揭短。

总之，不希望比别人低三分。那么，较为熟识的人在交往中，因为知根知底，如果不糊涂一点，在言谈举止中，难免会不知不觉地“犯忌”，惹对方恼怒，甚至引出不必要的是非。

1. “忘记”自己

对自己的才能、成就念念不忘，总是挂在嘴边，动辄“我曾经……”“我已经……”“我是……”，特别是对你的这些情况已有所了解的朋友之间这样说，人家就会认为你太爱炫耀自己，故意显出高人一等，容易遭人妒恨，甚至故意在以后的交往中刁难你。

通常，忘记自己，既能表现谦逊，又能使你的长处为人所知，有人可能会对你的才华、成就刨根问底，别人主动询问得知，会产生羡慕、敬佩的感觉。把注意力集中在谈话的对象，或正在进行的学习上，因为自我忘记本身就是一种优点，是谦逊的表现。只字不提自己，常常表明没有必要谈论自己。靠自己的所作所为而不是靠谈论自己来使别人了解自己的长处，就会备受赞扬——一方面由于自己的成就而受到赞扬，另一方面由于自己的谦逊、闭口不提自己而受到赞扬。

2. “忘记”别人

人人都有一些敏感的禁忌，因此，碰到禁区都要糊涂一点，该忘记的要忘记，而不要在无意中刺痛对方敏感的神经。譬如：

如果你曾帮助过某人，不要在他面前提起此事，不然，他会产生“你是不是想让我一辈子都对你感恩”的想法，心中必然不快。

如果你知道对方在学习中或生活上犯过错误，不要出于关心的目的主动问他这件事，这会让他觉得你是在有意揭短。

如果你已知道对方高考落榜或评奖落选或提干未成，不要出于安慰的原因(除非是特别熟识的老朋友、至交)去宽慰他，说不定他疑心你幸灾乐祸。

3. 当别人欠你时

别人欠你的(钱、情、理……)，你虽然可以理直气壮地索要，但假如糊涂一些，也未必没有好处。

别人欠你的钱财，催还时要郑重其事，而不要欲说还休、吞吞吐吐，让人觉得你天天把一点小事记挂在心上。

别人欠你的情，你越显得若无其事，别人的感念程度越深，其效果已超出你付出的价值。

别人错怪了你，输了理，你就当没这回事似的，别人心里会更加愧疚，必当寻机弥补才心安。

心灵启迪

难得糊涂，是有意的装糊涂。这是一种智慧，更是一种境界，它能减少你许多的烦恼，给你带来更多的快乐。

斤斤计较没人缘

凡事斤斤计较是一种坏毛病，患有此种病症的人，不仅得不到人心，还会失去朋友，失去生活的趣味，就连自己的事业也会跟着倒霉。人活着都应该具备一颗宽容的心，才可以不断摒弃多余的包袱，从而轻装走远路。

怎样做人是一门学问，是一门甚至用毕生精力也未必能勘破个中因果的大学问，多少不甘寂寞的人究其原委，试图领悟到人生真谛，塑造出自己辉煌的人生。然而，人生的复杂性使人们不可能在有限的时间里洞察人生的全部内涵，但人们对人生的理解和感悟又总是局限在事件的启迪上，比如：做人不能斤斤计较便是其中一理，这正是有人活得潇洒而有人活得累的原因之所在。

做人固然不能玩世不恭、游戏人生，但也不能太老实、认死理。镜子很平，但在高倍放大镜下，就成了凹凸不平的山峦；肉眼看似很干净的东西，拿到显微镜下，满目都是细菌。试想，如果我们戴着放大镜、显微镜生活，恐怕连饭都不敢吃了。如果我们再用放大镜去看别人的毛病，恐怕那家伙就罪不容诛、无药可救了。

人非圣贤，孰能无过。与人相处就要互相谅解，经常以难得糊涂自勉，求大同存小异、有肚量、能容人，你就会有许多朋友，且左右逢源、诸事遂愿；相反，斤斤计较、认死理、过分挑剔、容不得人，人家也会躲你远远的，最后，你只能关起门来称孤道寡，成为使人避之唯恐不及的异己之徒。

古今中外，凡是能成大事的人都具有一种优秀的品质，就是能容人所不能容、忍人所不能忍，善于求大同存小异，团结大多数人。他们极有胸怀，豁达而不拘小节，大处着眼而不会目光短浅，从不斤斤计较，纠缠于非原则的琐事，所以他们才能成大事、立大业，使自己成为不平凡的伟人。

陈明为人老实，又爱斤斤计较，他总抱怨他们家附近副食店卖酱油的售货员态度不好，像谁欠了她二百元钱似的，后来他同事的妻子打听到了女售货员的身世：丈夫有外遇离了婚，老母瘫痪在床，上小学的女儿患哮喘病，每月只有二三百元工资，住一间12平方米的平房。难怪她一天到晚愁眉不展。这样一来，反而显得陈明太苛求别人了。

其实，每个人都不可避免会犯错误。首先，我们要分析他们犯错误的原因，我们应抱着与人为善的态度，对别人犯的错误，诚恳而委婉地开导规劝，安慰他们，鼓励他们改正。如果别人的错误使你吃了亏，以后记住教训就可以了，要给别人留有悔改的余地，不要和对方结下仇恨。

倘若你原谅了一个犯错误的人，他以后肯定会对你心存感激。如果你以后犯了什么错误，他多半也会原谅你。假如你周围有这么一位朋友，见不得别人有什么缺点和错误，看见别人一点缺点，他就批评、指责；同时他又不能容忍别人对他有什么不恭敬之处，如果他从别人那儿吃一点亏，他就会把对方当作罪大恶极的仇敌，加以攻击、耻笑。可以想一下，这样的人是多么可怕，我们如果变成这样的人，也会让人害怕的。

人生如此短暂和宝贵，要做的事情太多，何必为这种令人不愉快的事情浪费时间呢？我们需要斤斤计较的应该是知道自己该干什么和不应该干什么，知道什么事情应该认真，什么事情可以不屑一顾。但要真正做到这一点是很不容易的，需要经过长期的磨炼。

如果一个人明确了哪些事情可以一带而过，他们就能腾出时间和精力，全力以赴认真地去做该做的事，他们成功的机会和希望就会大大增加；与此同时，由于他们变得宽宏大量，人们就会乐于同他们交往，他们的朋友就会越来越多，生活也会因此而更加快乐。

心灵启迪

“水至清则无鱼，人至察则无徒”，太斤斤计较了，就会对什么都看不惯，甚至连一个朋友都容不下，把自己同社会隔绝开。

付出什么就得到什么

人性中最美丽的一面来自于互相的关爱。

奉献爱心，去爱每一个人，是每个人都很容易做到的事。一句话、一个微笑、一束花就够了，这于我们来说并不损失什么，却可能因此帮助别人走出困境，同时也美丽了自己的一生，何乐而不为呢？

也许你不经意间，已经撒下了美丽的种子，在未来的某一天会给你的生活带来灿烂无比的笑容。

约翰和妻子珍妮是一对贫穷的夫妇。约翰在铁路局干一份扳道工兼维修的活，又苦又累；珍妮在做家务之余就去附近的花市做点杂活，以补贴家用。

冬天的一个傍晚，小两口正在吃晚饭，突然响起了敲门声。珍妮打开门，门外站着一个冻僵了似的老头，手里提着一个菜篮。“夫人，我今天刚搬到这里，就住在对街。您需要一些菜吗？”老人的目光落到珍妮缀着补丁的围裙上，神情有些黯然了。“要啊，”珍妮微笑着递过几个便士，“胡萝卜很新鲜呢。”老人浑浊的声音里又有了几分激动：“谢谢您了。”

关上门，珍妮轻轻地对丈夫说："当年我爸爸也是这样挣钱养家的。"

第二天，小镇下了很大的雪。傍晚的时候，珍妮提着一罐热汤，踏过厚厚的积雪，敲开了对街的房门。

两家很快结成了好邻居。每天傍晚，当约翰家的木门响起卖菜老人笃笃的敲门声时，珍妮就会捧着一碗热汤从厨房里迎出来。

圣诞节快来时，珍妮与约翰商量从开支中省出一部分来给老人置件棉衣。"他穿得太单薄了，这么大的年纪每天出去挨冻，怎么受得了。"约翰点头默许了。

珍妮终于在平安夜的前一天把棉衣赶成了。平安夜那天，珍妮还特意从花店带回一枝处理玫瑰，插在放棉衣的纸袋里，趁着老人出门购菜，放到了他家门口。

两小时后，约翰家的木门响起了熟悉的笃笃声，珍妮一边说着圣诞快乐一边快乐地打开门，然而，这回老人却没有提着菜篮子。

"嗨，珍妮，"老人兴奋地微微摇晃着身子，"圣诞快乐！平时总是受你们的帮助，今天我终于可以送你们礼物了，"说着老人从身后拿出一个大纸袋，"不知哪个好心人送在我家门口的，是很不错的棉衣呢。我这把老骨头冻惯了，送给约翰穿吧，他上夜班用得着。还有，"老人略带羞涩地把一枝玫瑰递到珍妮面前，"这个给你，也是插在这纸袋里的，我淋了些水，它美得像你一样。"

娇艳的玫瑰上，一闪一闪的，是晶莹的水滴。

心灵启迪

善待你周围的人吧，不要吝啬对别人的一点点关心。

与人宽容就是与己宽容

与人宽容，就是与己宽容，让宽容的种子撒在每个人的心上。在人生的道路上撒下一些宽容的种子，他人也必定会以宽容来回报你。宽容是一种美德，宽容是人生的难得境界。

要有容人之胸怀

每当遇上别人那无法容忍的冒犯，或者遇上别人那似乎不可饶恕的过错，我们该如何处理呢？这是最让人头痛的时刻，也是最需要智慧与气度的时刻。

有着“纽约不动产大王”之称的特朗普早早地就显露出在管理方面不同寻常的才智。特朗普在年轻的时候就购买了一个拥有800套房间的公寓村，专供出租。可是特朗普聘请来替他管理公寓村的欧文却是一个有才无德的家伙。欧文精明能干而且善于辞令，将这个公寓村管理得井然有序。但是由于自小养成的偷盗习惯，每当看到精美值钱的东西，他都会顺手拿走。仅一年下来公寓村就有高达5万美元价值的公物被他窃走。

面对这样一个家伙，特朗普感到很棘手。从情感上来说特朗普愿意立即开除欧文，但是理智告诉自己，自己是不可以这样简单处理的。

一方面，还没有哪个合适的人可以代替欧文来管理这个公寓村；另一方面，特朗普认为这样对待欧文也是不公平的，因为公司对员工的错误是负有责任的，并有义务对员工进行教育和培训。

于是，特朗普就找到欧文谈话："您的工作做得很出色，不过您是不是对公司的薪水有意见呢？"

"我觉得薪水是很合理的。"

特朗普又说："噢，是这样吗？可是您去年拿走了公寓村5万美元的公物，有人建议我开除您，我想您应该是另有原因吧。"欧文低下头没有吭声。

"我已决定把您的年薪增加5万美元，您需要好好珍惜您的声誉。"

欧文回去后改掉了偷窃的毛病，并且更加努力和出色地工作。几年后，当特朗普卖掉公寓村的时候，欧文已经为公司赚取了几百万美元的利润。

面对别人的过错与冒犯，我们是否拥有特朗普一样的智慧和气度来处理呢？面对别人的过错，我们都曾恼怒过，但是不管我们怎样发泄心中的怒火，结果又能改变什么呢？除了让事情进一步恶化以外，什么也不曾改变。只有暂时压制住心中的愤怒，站在别人的角度替他人想一想，给他人一个改过的机会，才是最睿智的选择。

聪明的人总是懂得"宽人而后令改之"的道理。

"八佰伴"自创立开始，员工便与公司建立了一种良好的关系。

所有员工都兢兢业业，为公司的发展努力工作。可是有一天，公司的五位新员工却以劳动强度大、工作时间长为由，提出了加薪的要求，并且未等答复就罢工了。

老板和田一夫听到这个消息后感到非常震惊。他召集老员工们商量该如何处理此事，老员工们纷纷建议将这五位闹事的员工开除。

“他们太过分了！”“将他们开除！”“对，由我们来分担他们的工作。”

和田一夫没有当场决定。会后，他仔细地看了那五位员工的来信。从信中他发现这五位员工对人力资源的了解和对市场的把握极其精准，而且加薪请求后所罗列的理由也是极其合理的。

可是他想不出为什么老员工不罢工，反而是新来没几天的员工罢工呢？他细细思索，终于明白了：老员工都是跟公司一起成长起来的，他们对公司有着深厚的感情，即使对薪水不满也不会罢工，但是公司要发展就必然要招聘越来越多的新员工，如果仅靠感情是很难维持公司的发展的。

想到这里，和田一夫找到那五位罢工的员工，高度赞赏了他们的加薪请求书，但是对他们鲁莽罢工的行为表示了强烈的不满。最后宣布由这五位新员工和另外几位老员工共同组成一个委员会，重新制订公司的薪酬激励制度。但是这五位员工的两个月的工资要减半发放，以示对随意罢工的惩罚。

和田一夫的这项决定既宽恕了五位员工的草率罢工行为，又为公司的发展铺平了道路。

事实上，由于我们个人的局限性，有时行事难免会存在很多的不足乃至错误的地方。如五位员工的罢工行为，如公司薪酬的不合理。既然过错不可避免，那么对于自己的问题，我们就应该像和田一夫那样，细心考量，有过就改，而对于他人之过错大可不必过分计较。

心灵启迪

聪明人会忽略他人的错误，却勇于改正自己的错误。宽容不仅是一种美德，更是一种智慧。

宽容是对生命的洞见

一天，一位法师正要开门出去时，突然闯进一位身材魁梧的大汉，狠狠地撞在法师身上，把他的眼镜撞碎了，还戳青了他的眼皮。

那位撞人的大汉，毫无羞愧之色，理直气壮地说："谁叫你戴眼镜的？"

法师笑了笑没有说话。

大汉颇觉惊讶地问："喂！和尚，为什么不生气呀？"

法师借机开示说："为什么一定要生气呢？生气既不能使眼镜复原，又不能让脸上的瘀青消失，苦痛解除。再说，生气只会扩大事端，若对你破口大骂或打斗动粗，必定会造成更多的业障及恶缘，也不能把事情化解。

"若我早一分钟或迟一分钟开门，都会避免相撞，或许这一撞也化解了一段恶缘，还要感谢你帮我消除业障呢？"

大汉听后十分感动，他问了许多佛的问题及法师的称号，然后若有所悟地离开了。事情过了很久之后，一天法师接到一封挂号信，信内附有五千元钱，正是那位大汉寄的。

原来大汉年轻时不知勤奋努力，毕业之后，在事业上高不成低不就，十分苦恼，婚后也不知善待妻子。一天他上班时忘了拿公事包，中途又返回家去取，却发现妻子与一名男子在家中谈笑，他冲动地跑进厨房，拿了把菜刀，想先杀了他们，然后自杀，以求了断。

不料，那男子惊慌地回头时，脸上的眼镜掉了下来，瞬间，他想起了师傅的教诲，使自己冷静了下来反思了自己的过错。

现在他的生活很幸福，工作也得心应手了，特寄来五千元钱，一方面为了感谢师父的恩情，另一方面也请求师父为他祈福消业。

法师的宽容带给了大汉觉悟，教会他用一颗宽容的心去对待别人。宽容是一条环环相扣的纽带，让我们彼此相连，让我们认清彼此，珍惜生命。

心灵启迪

你的宽容挽救的也许就是一个生命。

楚王设宴

一次，楚国的军队打了胜仗，楚庄王十分高兴，便命人在宫中大摆宴席，并邀请群臣都来赴宴。楚庄王还特地叫来自己最宠爱的妃子许姬，让她为大家斟酒助兴。

席间，正当大家把酒言欢之际，一阵风吹熄了席上的蜡烛。在黑暗中，大家乱作一团。有人偷溜到许姬的身边，趁乱想调戏许姬。许姬一把揪下那人的帽缨，然后挣脱了。

随后，许姬拿着帽缨走到楚庄王身边，对他说：“大王，刚才有人趁乱想调戏臣妾。臣妾已拔下他的帽缨。等到蜡烛重新点亮之时，便可知那人是谁。”

楚庄王低声说道：“酒后失礼是常有的事。今日我宴请群臣本是一件极高兴的事，岂可因为这点小事扫了大家的雅兴？许姬你也不要把此事放在心上。”

说完，庄王不动声色地高声说道：“诸位，今天大家一定要尽兴。请大家都拔掉帽缨，不拔掉帽缨不足以尽欢。”

群臣都听从大王的吩咐，纷纷拔掉帽缨。等到蜡烛重新点亮之后，众人又开始开怀畅饮，席上好不热闹。

二年后，晋国侵犯楚国，楚庄王亲自带兵迎战。在战场上，他发现自己军中有一位将官特别英勇，众士兵也都在他的影响下奋勇杀敌。楚军因此大胜。

战后，楚庄王决定重赏那位将官。他召见将官之时，问他到底是什么原因使他如此英勇。将官低头答道：“三年前，大王宴请群臣。席上那个酒后失礼、调戏许姬的罪人就是我啊！大王您不但没有怪罪我，反而设法保全我的颜面。为了感谢大王您的大度，臣就算是战死沙场也毫无怨言！”

楚庄王听完此言甚是感动，更加重了对他的封赏。

古代君王的宽宏大量让人称赞。楚庄王用宽容来对待属下无意的冒犯，就如春风化雨、冰释雪化，属下也因感动而投桃报李。曾经的宽容换来了今日的胜仗，原来坏事也能变成好事。

心灵启迪

宽容就是忘却，学会忘却，生活才有阳光，才有欢乐。

宽容的至高境界

一个浪子，很想找一位圣人倾诉一下自己的罪过。

一天，他来到深山里，遇到了一位圣人，跪在圣人面前说：“请您帮我解脱一下罪过吧，我罪孽深重呀。”

圣人说：“我的罪孽也很重啊！”

浪子说：“但我偷盗过。”

圣人说：“我也偷盗过。”

浪子又说：“我手上沾有别人的鲜血，每天那些死去的灵魂都在责问着我。”

圣人说：“我手上也沾着别人的鲜血，每天那些死去的灵魂也会纠缠着我。”

浪子又说：“我的罪行数不胜数。”

圣人说：“我的罪行也数不胜数。”

浪子听完，站了起来，用一种奇怪的眼神盯着圣人看了看，疑惑地问道：“这么说，只要我能改过，我也能做圣人了？”

圣人说：“是的。”

浪子听完之后，兴奋异常，连蹦带跳地下山了。

别人很不解圣人为何要如此诋毁自己，圣人说：“是的，我诋毁自己，他将不再信任我，但这样毕竟帮他解脱了许多。”

在人与人的交往中，宽容别人很重要。如果你能宽容别人的缺点，帮别人打开心扉，即使被误解，又有何妨？

心灵启迪

把莫须有的罪名加诸己身，为的只是帮助别人解脱，这才是宽容的最高境界。

对自己宽容

凡事要拿得起放得下，顺其自然，不要过多地去苛求自己追求完美主义。每个人都有缺点和弱点，也都有做错事情的时候，认识到了，改正就好。适当地宽容自己，不必过多地去苛责自己，放松自己的身心，让自己更快乐。

放下心情的包袱

人在心情不好的时候，总会不自觉地把坏心情抱得更紧，认为所有人都和自己作对，关上门不跟人说话，嘟着嘴生闷气，锁着眉头胡思乱想，结果心情更坏、更难过。所以，人要学会放下坏心情，拒绝让它折磨才行。

在《星云禅话》中有一则故事，讲得很生动，对我们很有启发性。

一位旅者，经过险峻的悬崖时，一不小心掉落山谷，情急之下攀抓住崖壁下的树枝，上下不得，祈求佛陀慈悲营救。

这时，佛陀真的出现了，伸出手过来接他，并说："好吧，现在你把攀住树枝的手放开。"

但是旅者不肯松手，他说："把手一放，势必掉到万丈深渊，粉身碎骨。"旅者这时反而更抓紧树枝，不肯放下。这样一位执迷不悟的人，佛陀也救不了他。

坏心情就是紧抓住某个念头，死死握紧，不肯松手去寻找新的机会、发现新的思考空间，所以陷入愁云惨雾中。

其实，人只要肯换个想法，调整一下心态，或者修改一下作息时间，就能让自己有新的心境。只要我们肯稍作改变，就能抛开坏心情，迎接新的处境。

心理专家告诉我们："把令你沮丧的事放下，洗把脸，把无精打采的愁容洗掉，修饰一下仪容以增强自信，想着自己就是得意快乐的人。哪怕是装成高兴、充满自信的样子，你的心情也会好起来。很快地你就会谈笑风生，笑容可掬。"

我们要想拥有好心情，就得从原有的坏心情中开脱，从烦恼的死胡同中走出来。请注意，当你放下坏心情的包袱时，要好好检视清楚，看看哪些是事实，把它留下来，设法解决；哪些是垃圾，是给自己制造困扰的想法，要狠下心来，把它抛开，这就能给你带来好心情和清醒的头脑。因此，我们应该学会放下，学会割舍。

心灵启迪

只要我们懂得改变情绪，就能改变思想和行为。思想改变，情绪就会跟着改变。放下包袱后，才能轻装上阵，才能活得轻松、自在、惬意。

懂得"放下"

有一个中年人，年轻时追求的家庭事业都有了基础，但是却觉得生活空虚，感到彷徨而无奈，而且这种情况日渐严重，到后来不得不去看医生。

医生听完他的陈述，开了四服药，对他说：“你明天9点钟以前独自到海边去，不要带报纸杂志，不要听广播，到了海边，分别在9点、12点、15点、17点，依序各喝一服药，你的病就会好的。”

那位中年人将信将疑，但还是依照医生的嘱咐来到了海边，看到晨曦中的大海，心灵为之一震，心情也跟着变得晴朗了。

9点整，他打开第一服药，写着“谛听”二字。于是他坐下来，倾听风的声音、海浪的声音，他感觉到自己的心跳与大自然的节奏是那么协调，很久没有这么安静地坐下来听了，仿佛自己的身心得到了清洗，突然觉得很舒爽。

12点，他打开第二服药，写着“回忆”二字。他开始从谛听外界的声音转回来，回想起以前的种种童年时的无忧、青年时的艰辛、父母的慈爱、朋友的友谊，生命的力量与热情又重新燃烧起来了。

15点，他打开第三服药，写着“检讨你的动机”。他记得早年创业时，怀有远大的理想，为了追求人们的福祉，他热诚地工作。可等到事业有成了，全然忘记了当初的信念，只顾着赚钱，失去了经营事业的喜悦，又由于过于强调自我，也不再有关心别人的胸怀。想到这里，他已深有领悟。

到了黄昏的时候，他打开最后一服药，上面写着“把烦恼写在沙滩上”。他走到离海最近的沙滩，写下了他的烦恼，可是一波海浪立即淹没了它们，冲得沙上一片平坦。他愣住了。

这个中年人，最终悟出了生命的意义。在回家的路上，他再度恢复了生命的活力，空虚与彷徨也消失得无影无踪了。

心灵启迪

放下，是一种束缚的解脱。只有体悟到永恒的真我，才能突破俗世的缠缚。

学会自己安慰自己

一天，一位男人遇上了车祸，他失去了一条腿。当朋友们来看望他，都为他失去了一条腿而难过时，男人却笑了。

“你难道还有心情笑吗？”朋友们都以为他精神不正常了。

“当然。当我醒后得知自己只失去了一条腿时，我就安慰自己说‘没什么，你只是失去了一条腿，而不是整个生命’。所以，我现在有足够的理由笑啊！”

过了一段日子，那位男人接到了下岗通知书，因为少了一条腿，他已无法胜任原先的岗位。

朋友们知道后，准备了一大堆安慰他的理由，准备在看望他时，好好安慰他一番。然而，令朋友们惊讶的是：当他们见到那位男人时，他正平静地坐在轮椅上，把下岗通知书折叠成了一架纸飞机，正在把它抛向天空。当他看到纸飞机随着风儿徐徐上升时，竟开心得像个小孩子似的大笑起来。

“你不难过吗？那可是下岗通知书啊！”朋友们问。

“既然下岗已成事实，我与其难过，还不如想‘幸好只是失去了工作，但我并没有失去再创业的勇气啊’。所以，我没有理由难过！”

后来，男人的妻子因他残疾了，加之下岗，家里的日子越来越困难了，便在一个月黑风高之夜，卷走了家中值钱的东西，和一个流浪艺人私奔了。

朋友们知道后，都为他担心，以为男人经过这次打击，肯定会消沉的，便都赶过去看望他。当朋友们见到男人时，他正坐在空荡荡的家中，边哼着小曲，边擦洗那条还未完全痊愈的伤腿。

“你是不是真的疯了，还有心情唱歌？”朋友们冲他喊道。

“为什么不唱？没有在我生命的最后时刻才发现身边的挚爱居然如此经不起考验，所以，我没理由不高兴、不歌唱！”

心灵启迪

困难给了我们勇气去战胜它，失败给了我们机会去重新挑战它。给自己一束鲜花、一份关心、一份安慰、一份鼓励，只要我们还活着，那么一切悲痛都无法阻止我们品尝快乐。

对自己说“不要紧”

“月有阴晴圆缺，人有旦夕祸福”。生活中，我们每时每刻都会面对不如意之事。面对这令人烦恼却挥之不去的不如意，我们秉持的态度，会影响到自己的人生。

汉斯在遭受失业、父母在意外事件中身亡的一连串打击后，对生活已失去了热情，终日借酒浇愁。

一天，在一家小酒馆里，汉斯遇到了一位心理学家。了解了汉斯的情况后，心理学家对他说：“我有句三字箴言要送给你，它会对你的生活有一定的帮助，而且是使人心态平和的良方，这三个字就是‘不要紧’。”

清醒后的汉斯用了三天时间来领悟这三字箴言所蕴含的智慧。他把这三个字写下来，贴在家里的墙壁上，他决定今后再也不让挫折和失望来破坏自己平和的心情。

后来，汉斯果真遭到了考验，他不可救药地爱上了房东的女儿，她对他很要紧。汉斯确信她是自己今生唯一的伴侣，没有她，自己肯定活不下去。

但是，房东的女儿却拒绝了汉斯的玫瑰花，并婉转地告诉他说，自己已有了未婚夫。汉斯以她为中心构想的世界，当时就土崩瓦解了。那几天，汉斯觉得墙上贴着的“不要紧”三个字根本没有用，甚至觉得好笑。

一个星期后，汉斯再看到这三个字时，他开始冷静地分析自己的情况：到底有多要紧？那女孩很重要，自己也很要紧，快乐也很要紧，但自己希望和一个不爱自己的人结婚吗？

一个月后，汉斯发现没有房东的女儿，自己也可以生活，甚至感觉到一个人生活心情也能放松，将来肯定有另一个人进入自己的生活，即使没有，汉斯仍然觉得每一天都是美好的。

三年后，另一个女孩走进了汉斯的生活。在兴奋地筹备婚礼的时候，汉斯把那三个字从墙上撕下，扔进了垃圾桶中，他以后将永远快乐，他的人生旅途中不会再有失败和挫折。

的确，结婚的头几年，他们过得很快乐。汉斯有了一份理想的工作，妻子为他生了一对双胞胎女儿，他们还有一定数额的存款，汉斯觉得日子过得惬意极了。

有一次，在征得妻子的同意后，汉斯把所有的存款都投进了股市。但是，就在他买了股票后不久，股市连连下跌。汉斯由于没有任何投资经验，被股市牢牢套住了，家里所有的开支仅靠他的薪水度日了。换言之，他们的生活水平又降到了仅能维持温饱的状态。

汉斯的心里非常难受，他又想起那句三字箴言：“不要紧”，汉斯心想：“上帝啊！这一次可真的是要紧，而且是要命，我的生活怎样才能维持下去呢？”

一天，就在汉斯又沉浸在悲伤之中时，那对双胞胎女儿“咿咿呀呀”学语的声音吸引了他的注意力。两个女儿坐在地毯上，都朝他张开双手，两个女儿脸上的笑容是那么令人动容。这一刻，汉斯觉得自己的心情受到了强烈的冲击，他想：“我有如此可爱的女儿，有善良的妻子，这已是上苍赐给我的无价之宝，我在股市上损失的只是金钱，一切都会好起来的，实在‘不要紧’。”

汉斯的心情又恢复了平静，他再也没有为金钱的损失而烦恼了，而日子也真如他所期待的那样，又一天天地好了起来。

心灵启迪

要永远记住“不要紧”三个字。

第四章　简单地生活

学校的目标应当是培养有独立行动和独立思考的个人，不过他们要把为社会服务看作自己人生的最高目标。

——爱因斯坦

生活真的可以很简单，换种思维，放下无谓的包袱和压力，放眼看看这个多彩的世界，美丽的事物其实就在我们的身边。是经年累月的忙碌，让我们的眼睛和心灵失去了往日的敏锐和光彩。生活不可能没有重负，但也许是被夸大了的假象。放松开来想想，其实大家都一样。背着心理负担走路的人是真正的傻瓜。

和烦恼说再见

俗话说："家家有本难念的经。"是的，每个人都有自己的问题需要解决。因为看问题的角度、人生观等不同，所以每个人的痛苦都不一样。

明白了这个道理，当我们再次遭遇烦恼的时候就会想：并非只有我的生活才充满悲伤与挫折，即使最聪明、最成功的人也同样会遭受打击与失败。看淡了自己的烦恼，生活就会变得轻松起来。

不要选择烦恼

好机会中藏匿着坏机会，而坏机会中又隐含着好机会，坏与好，关键是我们以什么样的角度、什么样的心态、什么样的价值观去看待，如果你以乐观的心态去看待生活中的一切，任何烦恼都不复存在。

生活在红尘，有快乐，更有烦恼。这就像硬币的两面，都不可缺少。且随着年龄的增长，生活内容的增多，那个天真的、无忧无虑的童年时光，离我们渐渐远去，取而代之的是上有老下有小的酸甜苦辣、五味杂陈的日子。好多事，不想做，不得不做，好多话，不想说，不得不说，不希望的事情，总是不约而至，你越躲它越追着。似乎有一个无形的线，在背后把人一直摆布着，让人身不由己，快乐的心境也像大家闺秀，不肯轻易抛头露面了。

那么，我们的快乐丢到哪了，是让琐碎淹没了吗，是让世俗夺走了吗，

是它蒙上了一层面纱，我们无力揭开它？还是我们的眼睛蒙尘了，看不到它？也许是，也许不是。也许我们凡夫俗子，就应该活成这个样子。

生活纷繁复杂，千丝万缕，漫长的人生的旅途，我们不断地捡拾，不断地累积，不但积累欢愉，更有忧烦堆积，喜怒哀乐互相交替，使行囊渐渐沉重，感觉越走越累。俗话说，人生不如意之事十有八九，而人性的弱点是，人们往往对“八九”记忆深刻，而对那稀有的“一二”，反而让它转瞬即逝了，这样活着，用商人的话说，真是亏大了。但，我们只是普通人，没有哲人的智慧，没有圣人的超脱，如何学会快乐生活？

曾读过这样一篇文章，说有一个聪明人，每当发生一件令人快乐的事，他就把那个事记在日历上，这样，日积月累，不断叠加，多年过去了，当他翻开日历，那些个多年前的人和事，又浮现在他的眼前，快乐又被复制了一遍，他才明白，原来，开心的日子竟然这样多。同时，他在生活中不断地思索着，感悟着，渐渐地，心胸越来越开阔，心态越来越乐观，烦恼由多变少了，痛苦由大变小了，即使偶尔来了烦恼，但积攒的快乐也把它稀释了，像风一样在心头轻轻刮过，不知不觉地消失了。不得不说，这是一位生活的智者，因为他懂得收藏阳光。

生活如小溪，缓缓流淌，烦恼如春草，潜滋暗长。上天给我们生命，给我们记忆的本能，但我们不能像摄影机一样，把所有的一切兼收并蓄，我们要用智慧去选择，去取舍，记住应该记住的，忘记应该忘记的。英国著名作家莎士比亚说过：“如果你这一天没有笑一笑，那你这一天就白活了。”可扪心自问，我们真的哪一天都笑了吗，烦恼来的时候，我们真有能力把它们赶跑吗？

收藏阳光吧，忧郁的日子里，它如一股清风，能吹散我们心中的乌云。坎坷的旅途中，当我们不小心跌倒、灰心丧气时，它给我们爬起来的勇气。当我们怨恨烦恼时，它如一把扫帚，会把我们心中的灰尘毫不留情地扫去，留下一个清清爽爽、轻轻松松的自己。收藏阳光，把快乐刻在石头上，任时光的流水怎样也冲刷不去，让它成为永久的记忆。把忧伤写在沙土地，不管多么疼痛的记忆，风一吹，水一冲，一切都没有了痕迹。收藏阳光吧，生命如一棵树，只有在阳光的照耀下才能茁壮成长，生命如一朵花，只有在阳光下才能绽放美丽。

心灵启迪

选择快乐，你一定会快乐，选择好运，好运就会永远伴随你。

烦恼皆由心生

爱尔兰戏剧家萧伯纳曾经说："痛苦的秘诀在于有闲工夫担心自己是否幸福。"是的，真实的情况是："世上本无事，庸人自扰之。"

一个年轻人四处寻找解脱烦恼的秘诀。他见山脚下绿草丛中一个牧童在那里悠闲地吹着笛子，十分逍遥自在。年轻人便上前询问："你那么快活，难道没有烦恼吗？"

牧童说："骑在牛背上，笛子一吹，什么烦恼也没有了。"

年轻人试了试，烦恼仍在。于是他只好继续寻找。他来到一条小河边，见一位老翁正在专注地钓鱼，神情怡然，面带喜色。年轻人便上前问道："您能如此投入地钓鱼，难道心中没有什么烦恼吗？"

老翁笑着说："静下心来钓鱼，什么烦恼都忘记了。"

年轻人试了试，却总是放不下心中的烦恼，静不下心来。于是他又往前走。他在山洞中遇见一位面带笑容的长者，便又向他讨教解脱烦恼的秘诀。

长者笑着问道："有谁捆住你没有？"

年轻人笑道："没有啊。"

长者说："既然没人捆住你，又何谈解脱呢？"

年轻人想了想，恍然大悟，原来自己是被自己设置的牢笼束缚住了。

佛教第二代传人慧可曾向达摩祖师诉说他内心的不安，希望达摩祖师能帮他把心静下来。达摩祖师让他把心拿来才肯替他安心。

慧可找了半天，回答说没找到，达摩祖师说："给你安心，你竟然没有找到心！"

现代人一心追逐名利，心中充满欲望，整天患得患失，自然会有烦恼。很多时候，烦恼都是自找的，要想从烦恼的牢笼中解脱，首先要"心无一物"，放下心中的一切杂念。再想想，心在哪里呢？心都不可得，哪里还有可得的烦恼？

心灵启迪

学会简单地生活，放下一切，烦恼自然离去。

把烦恼挡在门外

生气时如果你照一下镜子，镜子中扭曲的面孔往往会让你自己都吓一跳。人们在心情烦躁的时候，面部表情总是十分狰狞的，有时是自己都察觉不到这些的。如果有幸能够感知自己的不良情绪带给别人的影响，就请你从现在开始珍惜别人的好心情吧！

有一次，女人回家时在电梯镜子里看到一个充满疲惫、灰暗的脸，一双紧锁的眉头，下垂的嘴角，忧愁的眼睛。这时，她自己吓了一大跳。

于是，这个女人开始想，当孩子、丈夫面对这种愁苦的面孔时，会有什么感觉？假如自己面对的也是这样的面孔时，又会有什么反应？接着她想到孩子在餐桌上的沉默、丈夫的冷淡，这些在她原来认为是他们不对的事实背后，隐藏的真正原因竟是自己！当时这个女人为自己的疏忽吓出了一身冷汗。

当晚女人便和丈夫长谈，第二天就写了一块木牌挂在门上提醒自己。结果，被提醒的不只是她自己，而是一家人。后来，竟然影响到整个楼的人。

这块木牌上的字很少，只有一句：进门前，请脱去烦恼；回家时，带快乐回来。

不可否认，这是一个智慧的女人，家应该是温暖的安乐窝。任何的不良情绪都应该留在门外，把快乐带回家。

无独有偶，在国外还有这样一个故事：

北美的一个农场主雇了一个水管工来安装农舍的水管。水管工的运气很糟，头一天，先是因为车的轮胎爆破，路上耽误了一个小时。再就是电钻坏了，最后，他开来的那辆载重一吨的老爷车趴了窝。

他收工后，雇主开车把他送回家去。到了家门前，水管工邀请雇主进去坐坐。在门口，满脸晦气的水管工没有马上进去，沉默了一阵子，然后伸出双手，抚摸门旁一棵小树的枝丫。

待到打开门时，水管工笑逐颜开，和两个孩子紧紧地拥抱，再给迎上来的妻子一个响亮的吻。在家里，水管工喜气洋洋地招待这位新朋友。雇主离开时，水管工陪他向车子走去。

雇主按捺不住好奇心，问：“刚才你在门口的动作有什么用意吗？”

水管工爽快地回答：“有，这是我的‘烦恼树’。我到外头工作，磕磕碰碰，总是有的，可是烦恼不能带进门，这里头有我的太太和孩子嘛！我就把我的烦恼都挂在树上，让上帝管着，明天出门再拿走。奇怪的是，第二天我到树前去，‘烦恼’大都不见了。”

烦恼，谁没有呢？我们所缺的，是有棵“烦恼树”。它，不一定在家门前，可以是无形的，栽在心田一角。

在自己心灵的角落栽上一棵“烦恼树”，就算是为心灵找寻一个避风的港湾，可以在不愉快时，释放一下郁闷的心情，把烦恼暂时放在那里，然后开心地去生活。

人的一生中有很多的事情要做，不可能事事都顺心如意。让自己暂时忘记烦恼，可以试着这样做：对爱人，我们付出真情与关爱；对儿女，我们亲昵地拥抱，给予无声的关怀；对友人，则是善意的理解；对陌生人，我们要送上关切的眼神、温柔的微笑。如果真能做到这些，人生虽苦犹甜！

心灵启迪

在生活中以微笑着面对别人，别人也同样会报以微笑，快乐的心情就会互相传递，烦恼也会随之而去。

学会从烦恼中解脱出来

将一块石子扔进平静的湖面，会产生一圈一圈的涟漪，一直会波及岸边。心理学家把这种现象称为涟漪效应。

假如你的生活陷入了低谷，你不妨找一块这样的石子，让它把你从寂寞、忧郁中解脱出来，为自己创造一种新生活。

老吴是一家建筑公司的工程师，他的妻子在他退休前不久去世了，这使老吴非常悲伤。此后，他每天晚上下班回家后，就总是坐在电视机前，一直看到睡着为止。不过，他的白天过得还不算糟糕——他把全部精力都投入到工作中，因此工作成了他的精神支柱。

不久，他退休了，再也没有工作了。孤独与烦闷一下子成了老吴生活的全部内容。很少有人会来拜访他，甚至很少会有人给他打电话，人们似乎已经忘记了他的存在。老吴迅速地衰老了，可他只有60岁。

老吴的女儿为此焦急万分。她记得，母亲在世的时候，父亲的性情总是那么开朗，精力总是那样充沛，好像没有什么东西能够难倒他似的，可现在……还有什么东西能够重新唤起他对生活的兴趣呢?

一个周末，女儿提着一只食品袋和一个长方形的礼品小包出现在父亲的面前。

“那是什么？”老吴看着那个小包问道，“今天又不是我的生日。”

“这是我给你的礼物！”女儿说，“你老是吃酱菜，我担心你会营养失调。”

老吴打开了礼物：“是一本烹饪书？”

“是的，”女儿说，“这是给初学者用的。”

女儿走了以后，老吴将这本烹饪书从头到尾翻了一遍，然后认真地开始阅读起来。

没过多久，他就去买来了许多食材。第一次试验是做他最喜欢吃的红烧排骨。根据烹饪书的要求，他照葫芦画瓢地做了一遍。意想不到的是，红烧排骨的味道相当不错。真的，他觉得自己从来没有吃过这么好吃的排骨，而且，更重要的是这是他亲手做出来的！从此，烹饪成了老吴生活的一种需要。

不久，老吴已不再满足于仅仅是为自己烹饪了。这时，他对自己的烹饪技艺已十分自信，觉得自己完全可以在众人面前露一手了。

于是，老吴开始邀请邻居和朋友到自己家里来吃饭。无论是小炒还是煎、炸，他做的每一道菜都赢得了人们的啧啧称赞。老吴因此也经常得到邻居和朋友们的回请，这样，他又结识了许多新朋友，他的客人随之也越来越多了。老吴于是买来了一本又一本的烹饪书。他几乎每天晚上都会为客人端出一道新的菜肴。

烹饪重新“烹饪”了老吴的生活。他不再感到孤独和寂寞，他又变得像以前那样开朗，那样生气勃勃了。生活对于老吴来说，又展现出了迷人的魅力。

由此可见，生活中所做出的改变，无论它看上去是多么微不足道，它对你有生之年的影响，都会像将一块石子扔进湖里一样，会产生一圈又一圈的涟漪，一直会影响到岸边。如果你的生活陷入空虚寂寞中，不妨培养一些爱好，让它把你从寂寞中解脱出来，从而为自己创造一种全新的生活。

心灵启迪

只有把忧虑、焦虑、烦恼……统统抛进“垃圾桶”，生活才会新鲜而有趣。

调整生命的节奏

请放慢你生活的脚步，让生活更轻松一点；换一种心情，你的每一天都会快乐；安排好你的日常，不要让忙碌剥夺了你享受生活的时间。调整我们生命的节奏，我们就会获得轻松快乐。

学会忙里偷闲

没有人不希望休息，即使是那些非常无聊、精神上极为空虚的人，也有想要休息的欲望；即使是那些飞黄腾达的人，也不会为追求一个无穷无尽的目标而不知休息。

休息不是完全使精神或肉体停止活动，相反的应该是使身心适度地分开使用。人类的整个天性，是由活动来形成的，所以如果任意加以改变，天性就会有不良的反应。

人类是从休息的乐园中被放逐出来的，但上帝在命令人类必须工作时，并没有忘记赐给人类工作后那种悠闲的安慰。因此，真正的休息是在活动之中被给予的。换言之，精神上的休息，是得自于工作进展顺利和任务的完成；肉体上的休息，则在于每日的睡眠、用餐时以及星期日这种无可取代的休息时刻。

世间的幸福，就是在这种自然休息之后，能继续进行有益的活动。

第三届电信行业高峰会议正在加州的一处度假村举行。每到会议休息时间，一些公司的老总便回到自己的房间，不是和助手商议方案，就是研究其他公司的资料，忙得团团转。

然而，令所有人惊奇的是，一到会议休息时间，环球电信公司的老总亨得利却总是独自一个人迈出会议室，沿着度假村的忘忧湖散步，或是到花园中欣赏奇花异草。

刚开始，有的老总还以为亨得利不重视这次峰会，或是贪恋山水美景，而忘了自己公司发展的大事。可出人意料的是，每次会议上发言时，亨得利却当仁不让，他思路敏捷，精力旺盛，侃侃而谈，一直是整个峰会的焦点人物。

会议结束时，有位老总好奇地问他："平时总见你漫不经心、游手好闲的样子，可一到会议时，你就精神百倍、咄咄逼人，你是不是吃了什么灵丹妙药？"

"是的，我的确是吃了灵丹妙药，我吃的灵丹妙药就是忙中偷闲，去散步，去赏花，在这段时间里我的大脑得到了很好的休息，因此，这会议我是越开越精神呀！"

现在这个世界很忙碌，这就是现代人碰面最常听到的对话。现代人一再强调自己有多忙碌，好像这已经成为一种标准的生活模式了。一些人更是认为如果自己不够忙，就表明自己对这个社会是没有价值的人，一些人甚至还彼此竞争着看谁比谁忙呢！问题就在于，这种心态已经成为现代人日常生活中对话的基调。所以，就算你当时有一段空闲的时光，当你碰到朋友时，你还是不由自主地告诉他，你是多么多么忙。虽然有时你说的可能是大实话，但是一再地强调自己的忙碌，就是在跟自己过不去，也是在排斥你的朋友与你接近。你很忙，的确没错，但是你的生活中不能光有忙碌，你应该还有其他兴趣与爱好吧。

也许，人忙一点是好的，但过度的忙和别有用意的忙，除了伤身害体外，别无益处可言。

心灵启迪

忙有时是好事，但过度的忙碌，除了伤身害体外，别无益处可言。

给生活松绑

一位头发花白、五十多岁的老人，身上穿一件旧夹克，脚上穿一双绿色的解放鞋。老人嘴唇间有一根白色的小短棒。那老人伸手把那白色的小短棒抽了出来，却是一颗圆溜溜的粉红色的棒棒糖。老人如顽皮的孩子把糖放在眼前端详了一会儿，吮了吮，又把它塞回嘴里，继续慢条斯理地踱着步子。

老人如此的率性而为，任凭那一份童真淋漓尽致地凝聚在那一颗粉红色的棒棒糖上。那飞驰而过的轿车在他身边卷起一片片落叶，那步履轻盈的女学生匆匆从他身边经过，而他，还是静静地沉浸在自己的世界里。

好一个潇洒自在的老人!

想想生活中，有多少次，我们为了顾及面子，让那难得的机会一再地逝去；有多少次，我们为了顾及身份，掩藏了自己的本性，天天戴着面具生活；有多少次，我们为了顾忌别人的看法而没有做该做的事，却在事后追悔莫及，甚至还为此一生都背着一个十字架，日日遭受良心和道德的谴责；有多少次，我们为了顾忌那些本不该顾忌的一切而犹豫不决、裹足不前、浪费光阴、铸成大错……

须知我们的生活除了金钱、权力还有许多东西。当你为挣钱忙得焦头烂额，甚至脸顾不上洗、饭顾不上吃时，为什么不把一切甩开，到外面呼吸一下新鲜的空气，欣赏一下路边无名的小草。当你怎么也猜不透上司的想法时，为什么不干脆放弃，然后回家看看父母？

须知我们是在为自己活着！累了的时候，想想那个老人。别忘了给自己的生活松松绑。

心灵启迪

自己的生活要逍遥自在，不要在乎别人拿什么眼光看你。

别忘了停下来

有一名学习很刻苦的女孩，可是，她跟许多女孩都不一样。

一天早上，她蓬头垢面地在铃声结束的最后一秒冲进来：一定又是开夜车到很晚，所以早上又起不来。

“喂，照照镜子吧。”一名同学把镜子推给她。

“不用。”她还没喘过气来。

“你怎么一点也不注意自己的形象？至少应该像个女孩子吧。”

“哎呀，现在最重要的是学习，以后考上好的大学，工作了，再来打扮自己也不迟。”她总是这样，除了学习什么也不顾。

错过了便是错过了，失去的无法弥补。成长不在于最后的结果如何，而在于过程中的每一步是否走得精彩。等到多年以后再想时尚一回，自己已经落伍了。学习不是我们成长的全部，在我们的青春向着目标极速飞驰时，别忘了停下来看看路边的风景。

在繁忙的现代生活中，人们鲜少停下来欣赏大自然之美。问问你自己你曾倾听过几次鸟儿歌唱，而你上次看天上亮晶晶的星星闪烁又是什么时候？

心灵启迪

光阴似箭，人生短暂，别忘了停下来闻闻花香。

凡事顺其自然

寺院的草地上一片枯黄，小和尚看在眼里，对师父说：“师父，快撒点草籽吧。这草地多难看呀！”

师父说：“不着急，什么时候有空了，我去买一些草籽。什么时候都能撒，不要急，随时。”

中秋的时候，师父把草籽买了回来，给了小和尚，说：“去吧，把草籽撒在土地上。”小和尚高兴地说：“草籽撒上了，地上就能长出绿油油的青草，真好。”

起风了，小和尚一边撒，草籽一边飘。

“不好了，好多草籽都被风吹跑了。”小和尚大声喊道。

师父不急不缓地说：“没关系，吹走的多半是空的，撒下去也发不了芽，不要担心。随性。”

草籽撒上以后，飞来了许多麻雀，在地上专挑饱满的籽吃。小和尚看见了，惊慌失色地说："不好了，草籽都被麻雀吃了，这下完了，明年这块地就长不出小草了。"

师父又说："没有关系。草籽多，小鸟是吃不完的。你就放心吧，明年定会有小草的。随意。"

夜里下了一场大雨，小和尚一直不能入睡，整晚都担心草籽会被大水冲走。第二天早上，他早早就跑出了禅房，果然地上的草籽都不见了，于是急忙跑到师父的禅房报告："师父，昨晚一场大雨把地上的草籽都冲走了，这下真的长不出小草了，怎么办？"

师父仍然不慌不忙地说："不要着急，草籽被冲到哪里，它就在哪里发芽了。随缘。"

过了不久，许多青翠的幼苗破土而出，原来没有撒到籽的一些角落居然也长出了许多嫩绿的草苗。

小和尚看了，欣喜地向师父禀告："师父，太好了，我种的小草长出来了，原来没有的地方竟然也有了。"

师父点点头说："随喜。"

心灵启迪

懂得顺其自然是一种成熟。能够保持顺其自然的心态，尊重生命与自然的节奏，这不仅是一种智慧，也是一种旷达。

做真实的自我

只有认识自我，才不会迷失了自我；只有做真实的自我，才会活得轻松快乐；只有欣赏自我，才会活得精彩和洒脱。

认识自己

剑桥大学一位德高望重的老教授，在又一批学生临近毕业时，他忽然患了眼疾，自称失明了。非常敬仰他的学生们纷纷前来看望他，他问每一个来看望他的学生："你是谁？告诉我你究竟是谁？从什么地方来？学什么专业？小时候幻想干什么？毕业后准备到什么地方去？将来准备做什么……"

同学们感到老教授在眼睛失明之后居然这样关心他们，都很感动，就把各自的具体情况和想法如实地告诉老教授。老教授一边听一边连连点头，不时地说着："好"、"很好"、"再说一遍"、"你很了解自己了"、"你目标明确，好好实践吧"等话语。

与同学们分手时，他又一一握着同学们的手，异常亲切而语重心长地说："我知道你是谁了！不过，今后的漫长岁月里，你千万不要忘了自己是谁啊！"有的同学感觉怪怪的，偷偷地对其他同学说："老人家的眼睛一瞎，思维也好像不太清晰了，有些唠叨了。"

谁知，在学生们毕业离校的前一天，老教授的眼睛又“奇迹般地”好了、复明了。他在送别会上对同学们说：“在我双目失明、意志消沉的时候，是同学们的关怀和激励让我重又心明眼亮了。我也给那些曾经看望我的同学精心制作了一件礼品——我们的谈话录音。在今后的人生旅程中，当你们失意的时候、迷茫的时候、不知所措的时候，就听听这盘录音带吧……”

直到这时，同学们才真正领悟到老教授的良苦用心。

“你到底是谁”，其实是一个关乎心灵走向、关乎事业抉择的人生问题。

心灵启迪

人，来到这个世上就得弄清自己是谁、是干什么的。

安心做自己

上帝经常听到尘世间万物抱怨自己命运不公的声音，于是就问众生：“如果让你们再活一次，你们将如何选择？”

牛：“假如让我再活一次，我愿做一只猪。我吃的是草，挤的是奶，干的是力气活，有谁给我评过功，发过奖？做猪多快活，吃罢睡，睡了吃，肥头大耳，生活赛过神仙。”

猪：“假如让我再活一次，我要当一头牛。生活虽然苦点，但名声好。我们似乎是傻瓜、懒蛋的象征，连骂人也都要说‘蠢猪’。”

鼠：“假如让我再活一次，我要做一只猫。吃皇粮，拿官饷，从生到死由主人供养，时不时还有我们的同类给送鱼送虾，很自在。”

猫：“假如让我再活一次，我要做一只鼠。我偷吃主人一条鱼，会被主人打个半死。老鼠呢，可以在厨房翻箱倒柜，大吃大喝，人们对它也无可奈何。”

鹰：“假如让我再活一次，我愿做一只鸡，渴有水，饿有米，住有房，还受主人保护。我们呢，一年四季漂泊在外，风吹雨淋，还要时刻提防冷枪暗箭，活得多累呀！”

鸡：“假如让我再活一次，我愿做一只鹰，可以翱翔天空，任意捕兔捉鸡。而我们除了生蛋外，每天还胆战心惊，怕被捉、被宰，惶惶不可终日。”

女人：“假如让我再活一次，我一定要做个男人，经常出入酒吧、餐馆、舞厅，不做家务，还摆大男子主义，多潇洒！”

男人：“假如让我再活一次，我要做一个女人，上电视、登报刊、做广告，多风光。即使是不学无术，只要长得漂亮，一句嗲声嗲气的撒娇，一个朦胧的眼神，都能让那些正襟危坐的大款们神魂颠倒。”

上帝听后，大笑起来，说道：“一派胡言，一切照旧！还是做你们自己！”

心灵启迪

安心做自己的人，才是有智慧的人。总是把目光盯在别人身上，就会在失去做自己的同时，也失去了做人的快乐。

把梦想交给自己

20世纪初，在美国加州的一个小镇上，住着一位远近闻名的富商，富商有一个23岁的儿子叫瑞格。

一天早餐后，瑞格站在窗前欣赏街头的美景。突然，他看见街边公园的长椅上坐着一个和他年龄相仿的年轻人，那年轻人穿得很朴素，他把双手搭在膝盖上，目光似乎盯在瑞格这幢公寓楼上。瑞格看了他很久，发现那个年轻人很专注，他看这幢公寓的姿势一直未变。

瑞格有点好奇，他走出公寓，来到街边问那年轻人："先生，你为什么长时间坐在这里，盯着那幢公寓出神呢？"

年轻人迟疑着说："我有一个梦想，就是自己能拥有一幢宁静而美丽的公寓，能够在一日三餐后站在窗前欣赏街边的风景，可是这些对我来说简直太遥远了，因为我现在一无所有。"

"那么，请你告诉我，你此刻的梦想是什么？简单地说，就是最迫切渴望实现的？"瑞格之所以如此问，是因为他想他有能力帮助那个年轻人实现一个梦想。

"先生，我现在的梦想就是希望能在一幢公寓里，像一位成功人士那样度过一天。"年轻人说。

"朋友，我现在就可以让你梦想成真！"瑞格接着指着自己的公寓说，"那是我的家，你现在就去里面住一天吧，有什么需要就告诉管家，他会帮助你。另外，今天你可以完全把它当成你的家，你有权利享受里面的一切。我现在去公司处理一点事情，中午回来和你共进午餐。"

"谢谢您，先生。"年轻人朝瑞格鞠了一躬，就径直走进了公寓。

中午，瑞格处理完公司的事情后，就赶回了家，但他没有看到那位年轻人，便询问管家。

“哦，先生，那位年轻人只在客厅里待了三分钟就走了。”管家说。

“那他说了什么没有？”瑞格问。

“年轻人走时，他让我告诉您，说向您表示感谢，谢谢您给了他很多。”

“可是，我什么也没有给他呀！”瑞格疑惑了。不过，很快地，瑞格就把这件事忘记了。

20年后的一天，瑞格突然收到一份请柬，一位自称是他“20年前的朋友”邀请他参加一个酒会。瑞格一看落款的地址就知道那里是一个新建的富人居住区，而且住在那里的都是政界要人和社会名流。

当瑞格来到酒会所在地时，映入他眼帘的是典雅的建筑，还有经常在各种媒体上见到的名人。接着，他看到了即兴发言的酒会发起人。

“今天，我首先感谢的是在我成功的路上，第一个帮助我的人，他就是我20年前的朋友瑞格……”说完，他在众人的掌声中，径直走到瑞格面前，并紧紧地拥抱他。此时，瑞格才明白过来，眼前这位声名显赫的建筑商库勒，原来就是20年前那位贫困交加的年轻人。

在接下来的热烈交谈中，库勒对瑞格说：“当我走进你的公寓后，一种异样的感觉充斥着我的大脑，我真不敢相信梦想就在眼前，那一瞬间，我突然明白，那幢公寓不属于我，这只是一个幻觉，我应该远离它，我要把自己的梦想交给自己，去寻找真正属于我的那幢公寓！现在我终于找到了，我就在我的公寓里招待你这位尊贵的朋友。”

心灵启迪

当我们心中有梦想时，梦想才有可能成为永恒的现实。

善待自己

经历过一些事情后，回头想想，其实，在人生中遇到的事情，没有必要以谁对谁错、谁好谁坏的心理去对待。凡事以一颗平常心，正确地对待与自己相关的人或事。通过不同的经历，有意识地培养自己的心理承受能力，以平和、乐观的态度对待身边的人或事，让自己始终有个好心情。这样，在工作中就能够保持良好的精神状态与旺盛的精力。

从个人健康的意义来说，心灵健康应该是排第一位的。说服自己保持一颗平常心，有助于心理调节。

在生活和工作中，人与人交往的时候常常难免会产生一些争论、一些摩擦，如果处理不好就会对彼此的生活和工作产生不良的影响。传统医学认为：怒必伤肝。轻者会使人心神不宁，伤身损气，影响身体健康，严重的会导致举止失常，甚至一时冲动会造成无法挽回的后果。生活中这样的事例不胜枚举，逞一时口舌之快，因闲话惹得四邻不安、亲朋反目；唯利是图，引来杀身之祸。因此，何必争执你我谁是谁非，彼此间又何须说长道短。

说服自己保持一颗平常心，这是你不至于跌入低谷的有力保证。如果总是好高骛远，虽有可能成功，但让你陷入失败的概率就非常大。爬得越高，摔得越重。

人人都会有过失，对过失而言又分为无心之过与有心之过两种情况。当遇到的是无心的过错时，在心理和感情上我们容易宽恕。而遇到有心的过错时，无论从哪个方面讲，谁都很难对其宽容。然而要成为一个有修养的人，就要从宽容那些有心的过错做起。如果能够做到对有心过错的人能宽容，那么，对待那些出于无心而犯的过错谁还会在乎呢？有时有的事情令人到了忍无可忍的地步，却要自己强加容忍，的确是一件非常困难的事情，那么这时候就不必强己所难，即使强忍了也于事无益，比较理性的办法是将其放置一边，待冷静后再去处理就比较容易了。

心灵启迪

善待自己，转个弯，换一种方式思考，将会有不同的领悟，将会看到不一样的风景。

不要背负太多

幸福的生活来自于简简单单，这个道理懂得的人并不多。很多人在现实的生活中都是随波逐流的，他们极力追求物质的和生理的享受，然后又要面对来自生活和工作上的各种压力，这样的精神压力和心理负担，使他们苦不堪言，甚至导致身体和心理的健康问题。而要想达到一个轻松自在的思想境界，就必须懂得卸下一些欲望的包袱，不要背负太多。

任何多余的都是负担

从前有座山，山上有个庙，庙里有个老和尚和一个小和尚。小和尚建议师父："如果买一匹马，您就不用整天这么劳累奔波了，可以轻松很多。"

老和尚如愿以偿买到了马匹，中午正想美美地睡个午觉。

突然，小和尚跑了进来，说道："师父，我们忘了一件事，今晚马儿睡哪儿呀？我们应该给马儿建个马棚。"

老和尚想，徒儿的建议很有道理，很及时。

于是，老和尚决定，马上就给马儿建个马棚。

马棚终于建好了。老和尚累了一天，正想躺下好好休息一下，小和尚又跑到跟前，说道："师父，马棚虽然建好了，但是您整天忙于化缘，而我又要学禅，平时谁来养马呀！我们还少一个养马的。"

老和尚想，徒儿的建议有道理，很及时。

于是，老和尚决定，聘请一个马倌。

第二天，老和尚刚睡醒，小和尚跑了进来，说道："师父，今天我又想起件事，以前庙里就咱俩，饱一顿饿一顿的，很好打发。可现在，人变多了，我们应该再请一个厨师呀！"

老和尚想了一下，觉得小和尚的建议的确有道理，也很及时。

于是，老和尚决定，聘请一个厨师兼保姆。

吃完早饭，老和尚正准备外出讲经，小和尚跑到跟前，说道："师父，厨师已经请来了。不过，她说庙里没有厨房，让我们赶紧造一间，她还说，她年老力衰，又不会算账，让我们再请一个伙计，帮她买买菜，打个下手。"

突然间，老和尚悟出了什么："以前的日子，多简单、多轻松呀……"他对小和尚说："这匹马只会让我觉得更累，赶快卖了它！"

有时候，我们费尽辛苦购置的东西，并不能给我们的生活带来轻松和愉快，而是给我们带来更多的负担。

心灵启迪

与其为其所累，还不如痛下决心，果断地摆脱它。简简单单，才能快快乐乐。

你需要的也许只是一块面包

一位朋友从巴黎旅行归来，讲了这样一件很有趣的事情——

一天，朋友漫步到法兰西剧院附近，远远地就看见了莫里哀的纪念像，他仰头向大师行注目礼，走到跟前的时候，才看见大师脚下有一个乞丐。

那是一个典型的欧洲乞丐，金色的头发非常蓬乱，胡子拉碴，穿着厚厚的夹克和牛仔裤。时间尚早，乞丐显然也刚到地盘，正在细心地摆他的摊。只见他跪坐在足有双人床那么大的薄毯上，一样一样地放置他的家什，番茄酱、芥末酱、蛋黄酱、醋……还有许多种叫不上名字的东西，但看上去多数是调料。他那个认真、细心的样子，就像在搞艺术品展览一样。发现有人在看他，乞丐抬头冲朋友友善地一笑，天真亲切，朋友大着胆子用英语跟他打了个招呼。他继续一笑，算是回答。于是，朋友得寸进尺地问他："你有那么多东西了，还要什么呢？"

乞丐开心地大笑，双手一摊，比画着他的家当说："我得要到每天的面包呀！"

那个欧洲乞丐的那句话看似平淡却引人深思。是啊，尽管他已经拥有了那么多东西，可他仍得"要到每天的面包"，因为对他而言只有面包才是最重要的，只有面包才是他每天必需的东西。

有时候，我们费尽心机得到了很多东西，可那些都不是我们真正想要的，或者说不是我们必需的。我们需要的也许只是一块面包而已，就像那个乞丐，他缺的只有面包，如果没有面包，他拥有的所有一切都是多余的。

在我们人生的旅途上，我们必须弄明白：我们真正需要的是什么。只有知道了自己想要的是什么，我们的人生才会有方向，才会更容易成功。

心灵启迪

知道自己想要什么的人，比什么都想要的人更容易成功。

人为什么活得那么累

汤马斯·富勒说："满足不在于多加燃料，而在于减少火苗；不在于积累财富，而在于减少欲念。"

据说上帝在创造蜈蚣时，并没有为它造脚，但是它仍可以爬得和蛇一样快速。有一天，它看到羚羊、梅花鹿和其他有脚的动物都跑得比自己还快，心里很不高兴，便忌妒地说："哼，脚愈多，当然跑得愈快。"

于是，它向上帝祷告说："上帝啊，我希望拥有比其他动物更多的脚。"

上帝答应了蜈蚣的请求。他把好多好多的脚放在蜈蚣面前，任凭它自由取用。

蜈蚣迫不及待地拿起这些脚，一只一只地往身体上贴去，从头一直贴到尾，直到再也没有地方可贴了，它才依依不舍地停止。

它心满意足地看着满身是脚的自己，心中暗暗窃喜："现在我可以像箭一样地飞出去了！"

但是，等它一开始要跑步时，才发觉自己完全无法控制这些脚。这些脚噼里啪啦地各走各的，它非得全神贯注，才能使一大堆脚不致互相绊跌而顺利地往前走。

这样一来，它走得比以前更慢了。

当欲望产生时，再大的胃口都无法填满，贪多的结果只会带来无穷无尽的烦恼和麻烦。

贪婪是一种顽疾，人们极易成为它的奴隶。一个贪求厚利、毫不知足的人，等于是在愚弄自己：希望什么都能够得到，岂料到头来却失去一切。

生活贵在平衡，每一个环节都很重要。如果过分贪婪，把握不住必要的尺度，就很容易受到伤害。

有一则寓言也从另一个角度阐释了同样的道理。

从前有个特别爱财的国王，一天，他跟神说："请教给我点金术，让我伸手所能摸到的都变成金子，我要使我的王宫到处都金碧辉煌。"

神说："好吧。"

于是第二天，国王刚一起床，他伸手摸到的衣服就变成了金子，他高兴得不得了，然后他吃早餐，伸手摸到的牛奶也变成了金子，摸到的面包也变成了金子，他这时觉得有点不舒服了，因为他吃不成早餐，得饿肚子了。他每天上午都要去王宫里的大花园散步，当他走进花园时，他看到一朵红玫瑰开放得非常娇艳，情不自禁地上前抚摩了一下，玫瑰立刻也变成了金子，他感到有点遗憾。

这一天里，他只要一伸手，所触摸的任何物品就全部变成金子，后来，他越来越恐惧，吓得不敢伸手了，他已经饿了一天了。到了晚上，他最喜欢的小女儿来拜见他，他拼命地喊着不让女儿过来，可是天真活泼的女儿仍然像往常一样径直跑到父亲身边伸出双臂来拥抱他，结果女儿变成了一尊金像。

这时国王大哭起来，他再也不想要这个点金术了，他跑到神那里，跟神祈求："神啊，请宽恕我吧，我再也不贪恋金子了，请把我心爱的女儿还给我吧！”

神说：“那好吧，你去河里把你的手洗干净。”

国王马上到河边拼命地搓洗双手，然后赶快跑去拥抱女儿，女儿变回了天真活泼的模样。

心灵启迪

人之所以活得累，不是因为拥有的东西太少，而是想要的东西太多。

欲望是魔鬼

在这个世界上，没有欲望的人几乎不存在，合理的欲望是有必要的，也是正常的。但是，欲望不能过分强烈，无限膨胀，因为心态不健康，就会影响身体的健康。哲学家叔本华就说：“健康的乞丐比有病的国王更幸福。”

世界卫生组织于1981年4月3日公布了一份材料：世界上有三个长寿地区，即苏联的高加索、厄瓜多尔的贝尔卡邦巴、巴基斯坦的丰扎。生活在这些地区的人平均寿命特别高，百岁老人的比例甚至高出其他地区8.12倍。

这份材料公布后，正在罗德岛度假的美国大出版商、纽约洛兰德出版公司的老板萨拉·何塞从中发现了商机。他认为，出版一套探讨这三个地区长寿奥秘的书一定会赚钱。

于是，萨拉·何塞停止休假，他立即飞回纽约，并通知手下的6名记者立刻奔赴这3个长寿地区采访，2周之内赶回来交上书稿，3周之内推出这套关于百岁奥秘的丛书。

萨拉·何塞先生的眼力果然不错，这套书还没有上市，便已大受欢迎，很快就收到650万份订单，眼看财源就会滚滚而来。

但是，出乎萨拉·何塞先生的预料，因种种原因，6名记者没有在2周之内赶回来并交上书稿，书的出版被迫延迟，公司不得不交付巨额违约金，萨拉·何塞先生因此而紧张焦虑，突发脑出血，结果不治身亡，年仅52岁。

具有讽刺意味的是，这套有关百岁奥秘的书在萨拉·何塞先生去世后出版了，6名记者在书中详尽介绍了这3个地区人们的长寿奥秘，而其中重要的一条是心态平和。

也许有人认为，萨拉·何塞先生是因追寻百岁奥秘而丧命的。显然不是，他的生命是终止在无休止地追逐财富的路上，是他发财的欲望过分强烈，以致情绪紧张而忽略了自身的健康。

可见，欲望有时是魔鬼，你不给它套上枷锁，它就会给你的心灵套上“锁链”，甚至会夺去你的生命。

一位哲学家说：“人的欲望是一列火车，如不控制就会害己害人。”的确，欲望会缩短或撕碎人的生命。不要给自己制订不切实际的追求目标，不大喜大悲，而要时时保持内心的清静。

心灵启迪

如果想长寿，就得放弃一些功名和富贵，不要追求虚名。

第五章　经风雨见彩虹

每个人在受教育的过程中，都会有段时间确信：忌妒是愚昧的，模仿只会毁了自己；每个人的好与坏，都是自身的一部分；纵使宇宙间充满了好东西，不努力你什么也得不到；你内在的力量是独一无二的，只有你知道能做什么，但是除非你真的去做，否则连你也不知道自己真的能做。

——爱默生

有了自信心，我们就不会被挫折和困难吓倒！不会因经受挫折而气馁！坚定我们的信心，风雨之后是彩虹！信念让我们有充分准备地去迎接机遇，当机遇到来的时候更好地去把握它，从而把握我们自身的命运。

把握命运

对于一个真正的强者来说，失败根本不值一提。那仅仅是一个小小的插曲，是他事业中的一点小麻烦，并不重要。一个真正强者的头脑中根本不存在失败的概念。不管什么样的打击和失败降临，一个真正坚强的人都能够从容应对，做到临危不乱。当暴风雨来临，软弱的人屈服了，而真正坚强的人镇定自若，胸有成竹。

征服自己，征服一切

有位著名科学家说过：看似不可克服的困难，往往是新发现的预兆。

在克里米亚战争中，一枚炮弹破坏了一座花园般的城堡，却炸出了一个泉眼，汩汩清泉喷涌而出，这里后来成了著名的喷泉景区。挫折也是这样，它暂时破坏我们的心灵，却激发奋斗的泉水。

别人都已放弃，自己还在坚持，别人都已退却，自己仍然向前，看不见光明、希望却仍然孤独、坚韧地奋斗着，这才是成功者的素质。

爱迪生研究电灯时，工作难度出乎意料地大，1600种材料被他制作成各种形状，用作灯丝，效果都不理想，要么寿命太短，要么成本太高，要么太脆弱、工人难以把它装进灯泡。全世界都在等待他的成果，半年后人们失去耐心了，纽约《先驱报》说：“爱迪生的失败现在已经完全证实，这个感情冲动的家伙从去年秋天就开始电灯研究，他以为这是一个完全新颖的问题，他自信已经获得别人没有想到的用电发光的办法，可是，纽约的著名电学家们都相信，爱迪生的路走错了。”

爱迪生不为所动。英国皇家邮政部的电机师普利斯在公开演讲中质疑爱迪生，普利斯认为把电流分到千家万户，还用电表来计量是一种幻想。爱迪生继续摸索。人们还在用煤气灯照明，煤气公司竭力说服人们：爱迪生是个吹牛不上税的大骗子。就连很多正统的科学家都认为他在想入非非，有人说：“不管爱迪生有多少电灯，只要有一只寿命超过20分钟，我情愿付100美元，有多少买多少。”有人说：“这样的灯，即使弄出来，我们也点不起。”爱迪生毫不动摇，在投入这项研究一年后，他造出了能够持续照明45小时的廉价电灯。

或许你的往事不堪回首；或许你没有取得期望的成功；或许你失去至爱亲朋，失去企业，甚至住房；或许你因病不能工作，意外事故剥夺你行动的能力……然而，即使你面对这一切的不幸，你也不能屈服！

你或许会说，你经历过太多的失败，再努力也没有用，你几乎不可能取得成功。这意味着你还没有从失败的打击中站立起来，就又受到了打击。这简直毫无道理！

如果你是一位强者，如果你有足够的勇气和毅力，失败只会唤醒你的雄心，让你更强大。比彻说：“失败让人们的骨骼更坚硬，肌肉更结实，变得不可战胜。”

杰出的鸟类学家奥杜邦在森林中刻苦工作了多年，精心制作了二百多幅鸟类图谱，它们极具科学价值。但是度假归来后，他发现这些画都被老鼠糟蹋了。回忆起这段经历，他说：“强烈的悲伤几乎穿透我的整个大脑，我连着几个星期都在发烧。”但当他身体和精神得到一定恢复后，他又拿起枪，背起背包，走进丛林，从头开始。

只要永不屈服，就不会失败。不管失败过多少次，不管时间早晚，成功总是可能的。对于一个没有失掉勇气、意志、自尊和自信的人来说，就不会有失败，他最终是一个胜利者。

我们都很熟悉卡莱尔在写作《法国革命史》时遭遇的不幸。他经过多年艰苦劳动完成了全部文稿，他把手稿交给最可靠的朋友米尔，希望得到一些中肯的意见。米尔在家里看稿子，中途有事离开，顺手把它放在了地板上。谁也没想到女仆把这当成废纸，用来生火了。

这呕心沥血的作品，在即将交付印刷厂之前，几乎全部变成了灰烬。卡莱尔听说后异常沮丧，因为他根本没留底稿，连笔记和草稿都被他扔掉了，这几乎是一个毁灭性的打击。但他没有绝望，他说：“就当我把作业交给老师，老师让我重做，让我做得更好。”然后他重新查资料、记笔记，把这个庞大的作业又做了一遍。

一个人除非学会清除前进路上的绊脚石，不惜一切代价去克服成功路上的障碍，否则他将会一事无成。

心灵启迪

通往成功路上的最大障碍就是自己。征服自己，就会征服一切。

别为下一步担心

很多事情的失败不是因为困难而是因为怯懦。争取成功的过程还没开始，就因为怯懦的心态而放弃了努力。这样，再容易的事情也不可能做成。

“我是自己命运的主宰，我是自己灵魂的领导”，这句诗告诉我们：因为我们是自己心态的主宰，所以自然变成命运的主宰。心态会决定我们将来的机遇，这是行之四海而皆准的定律。这句诗也强调，无论心态是破坏性的或建设性的，这个规律都会完全应验。

卡尔·赛蒙顿医生是一位专门治疗晚期癌症病人的专科医生，有一次他为一位61岁的喉癌病人治疗，当时这名病人因为病情的影响，体重大幅下降，瘦到只有40多千克，癌细胞的扩散使他无法进食。

赛蒙顿医生告诉这位患者，自己将会全力为他诊治，帮助他对抗恶疾。同时，每天将治疗进度详细告诉他，并清楚讲述医疗小组治疗的情形，及他体内对治疗的反应，使病人对病情得以充分了解并缓解不安的情绪，努力与医护人员合作。

结果治疗情形好得出奇。赛蒙顿医生认为这名患者实在是个理想的病人，因为他对医生的嘱咐完全配合，使得治疗过程进行得十分顺利。赛蒙顿医生教这名病人运用想象力，想象他体内的白细胞大军如何与顽固的癌细胞对抗，并最后战胜癌细胞的情景。结果两个星期后，医疗小组果然抑制了癌细胞的破坏性，成功地战胜了癌症。对这个杰出的治疗成果，就连赛蒙顿医生也感到十分惊讶。

其实赛蒙顿医生是因为运用了心理疗法来治疗这名癌症病人，才获得了如此成功的疗效。

赛蒙顿医生说：“你对自己的生命拥有比你想象的更多的主宰权，即使是像癌症这么难缠的恶疾，也能在你的掌握中。”他还说：“事实上，你可以运用这种心灵的力量，来决定要什么样的生命品质。”

我们的生命是高贵的，只是我们因浪费太多而日趋麻木；我们的生活是美丽的，只是我们因缺少发现而对身边的美熟视无睹。

心灵启迪

只要我们用发现的眼光，用积极的心态对待生活、对待生命，我们就能够从中汲取营养，迸发激情，最终实现人生目标、实现自我价值。

乐于接受改变

生活中我们总是感叹发明家的灵活头脑和敏锐思维，觉得他们能想出种种不同寻常的点子，肯定是因为他们比别人更聪明。其实，发明家和普通人是一样的。

厌苦喜乐，是人的本性。但人们怕苦，除了不喜欢痛苦之外，还与低估自己受苦的能力有关。青年记者邓小兰曾经说过一句有名的话：“人是有韧性的动物。许多你以为不能承受的痛苦，当它真正来临的时候，你不仅承受了，而且以更好的方式承受着。”

其实，人对痛苦的承受是有潜力的，人只要敢于开拓这种潜能，说不定就会创造奇迹。

凯尔·华伦是缅因州康柏伦人，在他二十多岁的时候，父亲离开了人世，留下了一个小型公司。凯尔停止了学业，终止了自己成为建筑师的梦想，他没有抱怨这一切，只是想办法在逆境中寻找机会，将小厂经营得有声有色。

凯尔结了婚，建立了自己的家，拥有轿车和卡车。然而很不幸的事发生了，一场严重的车祸让凯尔的努力付诸流水，凯尔失去了所有财产：事业、房子、轿车、卡车，包括他的妻子。

凯尔一下子无法接受这个现实，原本乐观进取的他，现在已经颓废不堪。之后的两年，他在缅因州波特兰的街上游荡，情况越来越糟，最后落魄到有时住在游民收容所，有时甚至住在桥下、空房子中。

一次，他在废弃的旧仓库里睡觉时，一只老鼠从他的脚上跑过，他一下子惊醒，把老鼠赶走，躺下时他哭了起来。“我祈祷情况能有所改变。”凯尔说，“这股涌向我的感觉，真是我这一辈子发生过的最奇特的事。我在那天凌晨三点钟醒来，想到了一个居家修缮服务的点子，叫‘租个老公来做工’。”

凯尔在隔天早上马上把身上仅剩的500元美金，投资在这个点子上。他借用朋友的房子安装了一台电话，印了一些传单，传单上写着：“需要一名老公吗？别硬撑了，何不租我当您的临时老公？”然后他到以前离婚互助团体聚会的教堂，把传单放在路边车子的挡风玻璃上。人们对此的反响出奇的好。

下一步，凯尔用100美元从车商处买了一部旧货车，用黑色胶带在车身贴上字样，开始开着货车在城里到处跑，到处打零工。一天，一个电视台记者在路边拦下凯尔的车，对他说：“你知道有多少人打电话给我，要我报道在城里跑来跑去的‘租个老公来做工’的卡车吗？”

这位记者听完凯尔的故事，看过了他当时栖身的仓库后，为国家广播公司的波特兰电视台做了一次凯尔的专访。

凯尔说："我花了200美元将那次电视专访转成好几卷录影带，寄给其他不同的节目。《莫利·波维奇脱口秀》的工作人员打电话来，要请我做嘉宾。接下来发生的事大家都很清楚了。"

虽然凯尔想将自己的成就归功于聪明才智，但是他强烈地感觉到，只要大家和他一样乐于接受改变，那么许多人都能建立起大事业。

"没有热忱和勇气的话，任何改变都不会有用。"凯尔说，"我当时抛掉了对一切的恐惧，再也不害怕了，我不怕死亡，不怕失败，不怕孤注一掷。"

成功往往属于敢于挑战困难的人。在为目标奋斗的过程中，逆境使人愈挫愈勇，激发斗志，在困境面前极大程度地调动自身的潜能，使自己的知识经验、技能技巧和智慧都能达到最佳状态，从而有利于冲破障碍，获得成功。

心灵启迪

失去信心，意味着自己被自己打败。若想成功，必须勇敢地战胜自我。

在前进的途中主动出击

你或许会认为自己太差劲，能成就一番事业的机会和概率微乎其微，但是，问题的关键并不在于你现在的地位是多么卑微或者从事的工作是多么微不足道，只要你有强烈的进取心，只要你不局限于狭小的圈子，只要你渴望着有朝一日成为万众瞩目的人物，只要你希冀着攀登上成功的巅峰并愿意为此付出切实有效的努力，那么任何障碍都阻挡不了你成功的步伐。

五年前，斯蒂芬·阿尔法经营的是小本农具买卖。他过着平凡而又体面的生活，但并不理想。他一家的房子太小，也没有钱买他们想要的东西。阿尔法的妻子并没有抱怨，很显然，她只是安于天命而并不幸福。

阿尔法的内心深处变得越来越不满。当他意识到爱妻和他的两个孩子并没有过上好日子的时候，心里就感到深深的刺痛。

但是今天，一切都有了极大的变化。现在，阿尔法有了一所占地2英亩（约4000平方米）的漂亮新家。他和妻子再也不用担心能否送他们的孩子上一所好的大学了，他的妻子在花钱买衣服的时候也不再有那种犯罪的感觉了。明年夏天，他们全家都将去欧洲度假，阿尔法过上了真正幸福的生活。阿尔法说："这一切的发生，是因为我树立了信念。

"五年以前，我听说在底特律有一个经营农具的工作。那时，我们还住在克利夫兰。我决定试试，希望能多挣一点钱。我到达底特律的时间是星期天的早晨，但公司与我面谈还得等到星期一。晚饭后，我坐在旅馆里静思默想，突然觉得自己是多么可憎。'这到底是为什么！'我问自己，'失败为什么总属于我呢？'"

阿尔法不知道那天是什么促使他做了这样一件事：他取了一张旅馆的信纸，写下几个他非常熟悉的在近几年内远远超过他的人的名字。他们取得了更多的权利和工作职责。其中两个原是邻近的农场主，现已搬到更好的边远地区去了；其他两位，阿尔法曾经为他们工作过；最后一位则是他的妹夫。

阿尔法问自己：是什么使这五位朋友拥有如此优势呢？他把自己的智力与他们做了一个比较，阿尔法觉得他们并不比自己更聪明。而他们所受的教育，他们的正直、个人习性等，也并不拥有任何优势。终于，阿尔法想到了另一个成功的因素——主动性。阿尔法不得不承认，他的朋友们在这点上胜他一筹。

当时已快深夜三点钟了，但阿尔法的脑子却还十分清醒。他第一次发现了自己的弱点。他深深地挖掘自己，发现缺少主动性是因为在内心深处，他并不看重自己。

阿尔法坐着度过了残夜，回忆着过去的一切。从阿尔法记事起，他便缺乏自信心，他发现过去的自己总是在自寻烦恼，自己总对自己说不行，不行，不行！他总在表现自己的短处，几乎他所做的一切都表现出了这种自我贬值。

终于阿尔法明白了：如果自己都不信任自己的话，那么将没有人信任你！

于是，阿尔法做出了决定："我一直都是把自己当成一个二等公民，从今后，我再也不这样想了。"

第二天上午，阿尔法仍保持着那种自信心。他暗暗以这次与公司的面谈作为对自己自信心的第一次考验。在这次面谈以前，阿尔法希望自己有勇气提出比原来工资高750甚至1000美元的要求。但经过这次自我反省后，阿尔法认识到了他的自我价值，因而把这个目标提到了3500美元。

结果，阿尔法达到了目的。他获得了成功。

对于一个人来说，不管现在他多么贫穷或者多么笨拙，只要他有着积极进取的心态和更上一层楼的决心，他就永远不会失去成功的可能。不管他所处的环境是多么恶劣，也不管他面临艰难险阻，他总是能通过内心的力量驱动自己，脱颖而出，勇往直前。

心灵启迪

对于一个渴望立身扬名、成就一番事业的人来说，任何东西都不是他前进的障碍。

战胜逆境

逆境并没有你想象的那样可怕，可怕的是在你面对逆境时没有坚定的信念去鼓起战胜它的勇气。逆境能够考验一个人的信念是否足够坚强，是信念的炼金石。

逆境是最好的导师

生活中的许多事例启示我们，胜利往往属于敢向困难挑战的强者，他们在与困难的斗争中认识到生活的意义和生命的价值，领略到胜利的喜悦。那些在困难面前气馁退缩的人，则永远无法享受胜利的喜悦。

在惠普成立后，休利特研究自己硕士论文题目中的一个新产品开发，帕卡德靠接一些小活来维持公司的运转，但朝不保夕，有时他们自己都怀疑还能支持多久。这时，特曼教授伸出了他热情援助的双手，他利用他在社会上卓著的声望，积极为他们奔走。

终于，休利特生产出他的新发明——一种振荡器，适用条件比当时可以得到的同类产品要广泛得多，而价格只是同类产品价格的1／10，帕卡德很快为这个产品申请了专利，业内的专家们对这个产品给予了极高的评价，而这些来自权威人士的肯定极大地鼓舞了他俩的斗志。帕卡德将产品命名为300A，为了让得到专家好评的产品迅速被市场承认，惠普公司在一家影响日大的《电子学》商业杂志上登出了广告，订单开始汹涌而来，利润迅速增加，公司的境况大为改观。

为了宣传300A，帕卡德参加了在南加利福尼亚举办的一次正式的音频振荡器展览会。在会上，他结识了一位在迪斯尼电影公司担任音响工程师的哈金斯，哈金斯正在为一部电影《幻想世界》准备一个声道，正好需要一种特殊的声音效果——一只蜜蜂飞出荧屏，然后在剧场环绕，再重新回到荧屏的声响。

但这正是300A的用武之地，帕卡德敏锐地觉察到与迪斯尼的合作不仅会大大提高公司的知名度，同时也会带来长期可观的收益。他立即向哈金斯介绍了惠普的音频振荡器，结果他们一下就卖出8台，据说现在还有一台仍在好莱坞使用。就这样，惠普公司创业第一年站住了脚跟，销售收入5369美元，利润1563美元。

第一炮打响了，帕卡德更有干劲了，到1941年太平洋战争爆发之前，惠普公司已经拥有了17名雇员，并且成为年销售额10万美元的公司了。而太平洋战争的爆发给惠普带来了一个新的契机和增长点，1942年6月，休利特应征入伍，在军界有了广泛的接触和影响，为战后惠普公司在军用品生产方面的骄人业绩打下了良好的基础。

休利特走后，帕卡德开始独撑大局，他意识到，惠普公司作为电子产品的生产者，在对无线电、雷达、声呐以及航海、航空仪表等产品需求量激增的局面中占据了有利地位；况且战争的恶劣条件恰好是检验这些产品性能的大好时机，这对于战后公司的发展非常重要。

帕卡德决心抓住这一历史机遇，让惠普公司真正腾飞起来。于是他对许多产品做了细致的改进，使之更能适应战争的需要。而这些产品很快就被用于军事部门。第二次世界大战结束时，惠普公司已成长为一家拥有200万美元资产和200名员工的一家大公司了。

1945年，当应征入伍的休利特复员回来，发现自己已经是这家拥有数百万资产的大型公司副总裁。当时，惠普已经建造了自己的大楼，帕卡德告诉他，如果今后电子行业不景气，这栋大楼可以改造成食品杂货店。然而，改作食品店的危机并没有降临，相反，惠普公司一路顺风高速成长。

1947年8月18日，惠普股份有限公司正式成立。面对惠普的奇迹崛起，曾经给他们许多无私帮助的特曼教授非常高兴，他对每一个创业者说："有惠普在前面带路，你们将会是第二个、第三个惠普。"在这种精神的号召之下，1955年，有7家公司来硅谷办厂，1960年增加到32家，到1965年斯坦福研究园区正式建立时，这里已经集中了近70家高新技术企业，众星捧月般簇拥着斯坦福大学。其中，惠普公司租用的土地就超过100万平方英尺（1平方英尺=0.0929平方米）。

70年代后期，休利特和帕卡德还联名向斯坦福大学捐赠了一座现代化的"特曼大楼"，以永远纪念他们的恩师。他们创业的那间汽车库，1989年被加利福尼亚州政府正式命名为"硅谷诞生地"，成为美国珍贵的历史文物。

惠普兄弟从只能维持生计到成为历史上的里程碑，其中最重要的就是他们坚强不屈的信念、不怕困难的勇气。在面对逆境的时候，他们没有动摇。也正是这种百折不挠的毅力和韧性成就了他们的理想和事业。

心灵启迪

正视困难，是战胜困难的先决条件。如果没有持久的恒心和毅力，任何事都不可能逾越。

坦然接受生命中的潮起潮落

无论命运带来什么，勇敢地迎接它、面对它，坦然地接受生命中的潮起潮落，重要的是把自己内心的愿望唤起。风风雨雨是不可逃避的，这个世界没有一个人可以事事如意，但只要你坚守自己的信念，就会无怨无悔。

1899年7月21日，欧内斯特·海明威出生在世界五大湖之一的密执安湖南岸，一个叫橡树园的小镇。

海明威有五个兄弟姐妹，他排行老二。母亲很有修养，热爱音乐。父亲是一位杰出的医生，又是个钓鱼和打猎的能手。海明威3岁时，父亲给他的生日礼物是一根渔竿儿；10岁时，父亲送给他一支一人高的猎枪。父亲的影响使海明威终生充满了对捕鱼和狩猎的热爱。

14岁时海明威在父亲的支持下报名学习拳击。第一次训练，他的对手是个职业拳击家，海明威被打得满脸鲜血，躺倒在地。

可是第二天，海明威裹着纱布还是来了，并且纵身跳上了拳击场。20个月之后，海明威在一次训练中被击中头部，伤了左眼。从此之后，这只眼的视力再也没有恢复。

毕业以后，海明威不愿意上大学，渴望赴欧参战。因为视力的缘故未被批准。他离家来到堪萨斯城，在《堪萨斯报》做了见习记者。

在这里他学到了最初的技巧。《明星报》对于文字有110条不得违反的规定，“要用短句”，“用活的语言”，“用动词，删去形容词”，“能用一个字表达的不用两个字”，等等。海明威专心致志，很快掌握了写作的技巧，并形成了自己的文字风格。

1918年5月，海明威如愿以偿，加入了美国红十字战地服务队，来到第一次世界大战的意大利战场。

1918年7月初的一天夜里，海明威的头部、胸部、上肢、下肢都被炸成重伤，人们把他送进野战医院。海明威的一个膝盖被打碎了，身上中的炮弹片和机枪弹头多达230余块。

他一共做了13次手术，换上了一块白金做的膝盖骨。但仍有些弹片没有取出来，到死都留在体内。

他在医院里躺了3个多月，接受了意大利政府颁发的十字军功勋章和勇敢勋章，这时他刚满19岁。

大战后海明威回到美国，战争除了给他的精神和身体带来痛苦外，没有带来任何值得高兴的事。旧的希望破灭了，新的又没有建立，前途渺茫，思想空虚。

尽管这样，海明威依旧勤奋写作。1919年夏秋，他写了12个短篇，寄给报社却被全部退回。

母亲警告他：要么找一个固定的工作，要么搬出去。海明威从家里搬了出去，因为什么也改变不了他献身于文学事业的决心。他只想做第一流的、最出色的作家。

1920年的整个冬天，他独自坐在打字机前，一天到晚写作。有一次参加朋友们的聚会，海明威结识了一位叫哈德莉的红发女郎。她比海明威大8岁，成了海明威的第一个妻子。这时海明威22岁。

1922年冬天，他赴洛桑参加和平会议时，哈德莉在火车站把他的手提箱丢失了。手提箱里装着他的全部手稿，一个长篇、18个短篇和30首诗。这使海明威痛苦万分又毫无办法，只能重新开始。

1923年，海明威的第一部著作《三个短篇和十首诗》在法国的一个非正式出版社出版，总共只印了300册，在社会上毫无影响。

作为记者，海明威很受欢迎。但他呕心沥血写成的小说，却没有报刊肯用。尤其令他伤心的是，退稿信上总是称他的作品为“速写录”、“短文”，甚至说是“逸事”，根本就不把他的稿件看成文学创作。1924年，海明威辞去记者工作，专门从事文学创作。他没有固定的收入，又要养活刚出生的儿子，生活艰难可想而知。

1925年是海明威最为穷困潦倒的一年。妻子已经带着儿子离开了他。他除了通宵达旦地写作，只能把看斗牛当作娱乐。

第二年，海明威与波林结婚后不久，他的第一部长篇小说《太阳也升起了》问世，立即博得了一片喝彩声，被译成多种文字，成了20世纪20年代那一代人的典范之作。

这部小说用美国女作家斯泰因的一句话“你们都是迷惘的一代”作为题词，从而产生了一个文学流派——迷惘的一代，而海明威就成了这个流派的代表。

人生最大的成功就是对生命的追求。成功之后，你可以体会成功的快乐，你可以体验追求的幸福。其实生命就是一个过程，生命的意义就在于追求，要学会咀嚼生命中的每一分钟，不要浪费自己的生命，完整而不断地追求自己所追求的。

心灵启迪

生命是一次旅行，旅途长短并不重要，重要的是过程，也就是在旅行中你收获了多少、得到了什么。

别让借口吃掉你的希望

德国人习惯在钥匙上刻这样的句子——“不用，就生锈”。这句话适用于铁，也适用于人。

珍妮是刚进入公司的职员，一天她发现公司客户资料非常乱，于是每天下班后都去整理。有时候老板也加班，但他经常找不到各种资料，老是忙得焦头烂额。自从珍妮开始整理资料以后，老板只要找资料就会叫珍妮。

珍妮看到了机会，于是每天其他员工下班后，她都坚持在公司整理资料，渐渐地老板养成了有事找珍妮的习惯。偶尔老板也会把一些重要的事情让珍妮去办，每次珍妮都很出色地完成了自己的工作。

一年半后，珍妮已经成为公司的业务骨干，晋升速度之快让许多同事眼红。于是有人问她为什么能如此之快地得到晋升，珍妮笑着说：“没什么，只是做了一些工作中的小事罢了。”

脚踏实地的耕耘者在平凡的工作中创造了机会，抓住了机会，实现了自己的梦想；而眼光不愿俯视手中的工作细节的人，在等待机会的焦虑中，度过了并不愉快的一生。

约翰和杰克从小到大都非常要好，并且从小到大都是同窗，他们毕业后进了同一家酒店。在开始的半年里，他们一样努力，每天工作到很晚，最后都得到了董事长的表扬。可是半年后，杰克得到了提升，从普通职员一直升到部门经理，而约翰却似乎始终被冷落，仍是一个普通的职员。由于两个人的差别，所以在酒店里，有人在约翰背后指指点点……终于有一天，约翰忍不住了，到董事长办公室提出辞职。

董事长问他：“为什么要辞职呢？”

约翰：“因为我觉得在这八年领导给了杰克机会，而不给我机会。”

董事长：“好，你觉得酒店不给你机会，那我给你一次机会，现在中餐厅有顾客反映薯条不好吃，你去调查一下为什么。”

约翰很高兴地出去了，很快他就回来说：“董事长，因为我们酒店番薯的原来供应商货源供应不上，所以现在酒店的薯条才出问题。”

董事长：“那我们能否找到另外一家供应商合作呢？”

约翰又跑出去，回来说：“董事长，我到采购部了解到，有甲地、乙地、丙地几家供应商能为我们供货。”

“那哪一家番薯的质量比较适合我们酒店做成薯条呢？”

约翰再次跑出去，当他回来的时候，已经气喘吁吁的：“董事长，甲地的供应商番薯质量比较适合我们酒店做薯条。”

这时董事长对他说：“休息一会吧，你可以看看杰克是怎么做的。”

杰克需要完成的是同样的事情，但结果却大不一样。他很快回来了，并且向董事长汇报说：“董事长，因为我们中餐厅番薯原供应商供不上货，所以出现了问题，但经过了解现在有甲地、乙地、丙地几家供应商能为我们供货，经对比甲地的供应商番薯的质量比较适合我们酒店，他们的货源也很充足，可以为我们长期供货。”

听完杰克的汇报，董事长非常满意地点了点头：“很好，就选这家吧，你下去办。”而这时，站在一旁的约翰也已经明白了一切，他不由得感到无地自容……

是不是公司没给约翰机会呢？很显然，是约翰看不到工作中的机会，才最终导致他与杰克有如此大的差距！

心灵启迪

成功者不善于也不需要编织任何借口。缺少机会，则往往是不愿意付出努力的人用来原谅自己的借口。

挑战逆境是生命中的必修课

挑战逆境是每个人在生命中的必修课，几乎所有的生命问题，都与会不会挑战逆境的问题有关。许多自杀者，几乎无一例外，都是由于缺少挑战逆境的能力，而导致放弃生命。要超越“逆境”，必先超越“逆心”。“逆心”者，是对所面对的处境、所发生的事情，非理性地进行抗拒、排斥的心。

班纳德是一位德国的老人，在风风雨雨的人生中他共遭受了150次磨难的洗礼，这个世界上最倒霉的人同时也成了世界上最坚强的人。

在他出生13个月时，便摔伤了后背，而后又跌断了一只脚，再后来爬树时伤了四肢；一次骑车时，忽地一阵大风，不知从何处而来，把他吹了个人仰车翻，膝盖受了重伤；14岁时掉进了垃圾堆差点窒息；一次，一辆汽车失控，把他的头撞了一个大洞，血如泉涌；还有一次他在理发店中坐着，突然一辆飞驰的汽车驶了进来……

甚至在最为倒霉的一年中，他竟遇到了17次意外事故。

但是更令人惊奇的是，老人依旧健康地活着，而且心中充满了自信。的确，在历经了150多次生命的磨难的洗礼后，还有什么可怕的呢？

愈挫愈奋才会愈坚强，愈难愈弃只会愈悲绝。生活的磨难可以磨炼我们的意志，也可以让我们更坚强，如果能够顽强地面对坎坷，笑对人生，那么还有什么能够阻挡我们达到自己的目标呢？

看到了班纳德的达观与顽强、快乐与幸福，有谁还会抱怨命运不公，有谁还会怨天尤人呢？大自然让人们在奋斗的过程中不断成长、壮大与进步。这个过程是痛苦的经验或是深刻的体验，要视一个人的态度而定。森林中最能争夺养分的树木才能成为参天大树，久经风雨才能成为栋梁之材。在乡村，我们常常能够看到那些木材商们，在砍伐了树木后，总是将它放在露天的空地上任其风吹雨打。因为它们受过磨难而不腐朽，就会有足够的力量承担最沉重的负担。

心灵启迪

人生的磨难可以强化人们的精神和意志，迫使我们向前，引导我们通过逆境的考验，最终获得成功。

超越自我

有些人会在失败时念叨着："命运，命运！既然早已注定，又何必去强求，随遇而安吧。"但是否在灾难降临时，也要死死坐着，说着："一切皆是命……"不，绝不是，这只是弱者的表现。我们应努力去进取！其实，是人生改变你，还是你改变人生，都由你自己决定，这就是人生的态度！

不要丧失目标

生活中的一切不可能像数学那样精确，生活中许多事实完全回避数学分析，而价值却不可估量。人们一边生活，一边制定目标，选择策略，计划生活，梦想未来，人们需要信念的支持，这种内在的力量是无形的，是要靠自己把握的。

美国有一家规模不大的缝纫机厂，在第二次世界大战中生意萧条，工厂老板杰克看到战时百业俱凋，只有军火是个热门，而自己却与它无缘。于是，他把目光转向未来市场，他告诉儿子，缝纫机厂需要转产改行。

儿子问他："改成什么？"

杰克说："改成生产残疾人用的小轮椅。"

儿子当时大惑不解，不过还是遵照父亲的意思去办。经过一番设备改造后，一批批小轮椅面世了。这时战争刚刚结束，许多在战争中受伤致残的士兵和平民，纷纷购买小轮椅。杰克工厂的订货者盈门，该产品不仅畅销美国，还远销国外。

儿子看到工厂生产规模不断扩大，财源滚滚，在满心欢喜之余，不禁又向父亲请教："小轮椅不能继续大量生产，因为需求市场快要饱和了。未来的几十年里，市场又会有什么新需要呢？"

老杰克早已成竹在胸，反问儿子："战争结束了，人们的想法是什么呢？"

"人们对战争已经厌恶透了，希望战后能过上安定美好的生活。"

"那么，美好的生活靠什么呢？要靠健康的身体。将来人们会把身体健康作为重要的追求目标。所以，我们要为生产健身器做好准备。"他进一步指点儿子。

于是，生产小轮椅的机械流水线，又被改造为生产健身器。最初几年，销售情况并不太好。这时老杰克已经去世，但是他的儿子坚信父亲的超前思维，仍然继续生产健身器。结果就在战后十多年左右，健身器开始走俏，不久便成为热门货。当时杰克健身器在美国只此一家，独领风骚。

老杰克之子根据市场需求，不断增加产品的品种和产量，扩大企业规模，终于进入亿万富翁的行列。老杰克每次都准确地预见了未来的市场变化，为了抓住一闪而过的机会，他早早地做好了充分的准备，财富之神果然也一次没有让他失望。

一个真正想成功的人，只求抓住机遇还是不够的，还应当学会创造机遇。能够主动发现机遇、抓住机遇、创造机遇的人，往往都具有敏锐的洞察力和预测能力。

谋财之道更像一场马拉松赛跑而不是百米冲刺，前100米领先者不一定就能成为全程的冠军，甚至都有可能跑不完全程。在这遥远的征途上，你的准备和积累将会起到决定性的作用。如果你自觉先天不足而又已然踏上征程，那就更要格外注意随时给自己补充营养。

心灵启迪

坚定信念，把眼光放得长远一些。能够主动创造机遇的人，是世界的强者。

激发内心的潜能

当你坚信某一件事情的时候，就无疑给自己的潜意识下了一道不容置疑的命令，有什么样的信念就决定你会有什么样的力量。一切的决定、一切的思考、一切的感受与行动都会受控于某一种力量，它就是信念。

有一年，一支英国探险队进入撒哈拉沙漠的某个地区，在茫茫的沙海里跋涉。阳光下，漫天飞舞的风沙像炒红的铁砂一般，扑打着探险队员的面孔。口渴似炙，心急如焚——大家的水都没了。这时，探险队长拿出一只水壶，说：“这里还有一壶水，但穿越沙漠前，谁也不能喝。”

一壶水，成了穿越沙漠的信念之源，成了求生的寄托目标。水壶在队员手中传递，那沉甸甸的感觉使队员们濒临绝望的脸上，又露出坚定的神色。终于，探险队顽强地走出了沙漠，挣脱了死神之手。大家喜极而泣，用颤抖的手拧开那壶支撑他们的精神之水——缓缓流出来的，却是满满的一壶沙子！

炎炎烈日下，茫茫沙漠里，真正救了他们的，又哪里是那一壶沙子呢？他们执着的信念，已经如同一粒种子，在他们心底生根发芽，最终领着他们走出了“绝境”。

事实上，人生从来没有真正的绝境。无论遭受多少艰辛，无论经历多少苦难，只要一个人的心中还怀着一粒信念的种子，那么总有一天，他就能走出困境，让生命重新开花结果。

人生就是这样，只要种子还在，希望就在。

曾经有人讲过这样一个耐人寻味的故事。

一场突然而来的沙漠风暴使一位旅行者迷失了前进的方向。更可怕的是，旅行者装水和干粮的背包也被风暴卷走了。他翻遍身上所有的口袋，找到了一个青青的苹果。“啊，我还有一个苹果！”旅行者惊喜地叫着。

他紧握着那个苹果，独自在沙漠中寻找出路。每当干渴、饥饿、疲乏袭来的时候，他都要看一看手中的苹果，抿一抿干裂的嘴唇，陡然又会增添不少力量。

一天过去了，两天过去了。第三天，旅行者终于走出了荒漠。那个他始终未曾咬过一口的青苹果，已干巴得不成样子，他却宝贝似的一直紧攥在手里。

在深深赞叹旅行者之余，人们不禁感到惊讶：一个表面上看来是多么微不足道的青苹果，竟然会有如此不可思议的神奇力量！

是的，这是信念的力量！这是精神的力量！信念，是成功的起点，是托起人生大厦的坚强支柱。在人生的旅途中，不可能总是一帆风顺、事遂人愿。有的人身躯可能先天不足或后天病残，但他却能成为生活的强者，创造出常人难以创造的奇迹，这靠的就是信念。对一个有志者来说，信念是立身的法宝和希望的长河。

信念的力量在于即使你身处逆境，亦能帮助你扬起前进的风帆；信念的伟大在于即使你遭遇不幸，亦能召唤你鼓起生活的勇气。信念，是蕴藏在心中的一团永不熄灭的火焰。信念，是保证一生追求目标成功的内在驱动力。信念的最大价值是支撑人对美好事物孜孜以求。坚定的信念是永不凋谢的玫瑰。

心灵启迪

坚定的信心，是挖掘幸福之泉的钻机，是攀登事业珠穆朗玛的绳索。

学会经营自己的天赋

如果你想要享受百分之百的成就，就必须找到能使你投入百分之百的时间与精力的领域，唯有完全沉浸在这环境中，你才能有发挥出全部实力的畅快。

毕加索在他还没学会讲话以前，就从父亲那里接触到了大量的绘画作品。各种各样的画笔画具，五光十色的颜料，焕发着艺术光彩的美术作品，都使他耳濡目染，给了他深刻的影响。他还没有上学，就深深地爱上了绘画。趁家人不在的时候，他常拿起父亲的画笔作画，先在纸上画人物、房子、树木、小猫、小狗、小鸡、小鸟，虽然不怎么像，可他自己却非常欣赏。

毕加索10岁时由于家境贫寒，全家移居巴塞罗那，从那时起父亲正式教毕加索学画。父亲教育他：“绘画是一门艺术，不能乱画，要学会观察、思考，要苦练出扎实的基本功，不断探索绘画艺术的真谛。”在父亲的教育培养下，毕加索的艺术才能得到充分发挥，尤其是素描画画得相当好。14岁时，毕加索的父亲看到儿子的绘画水平越发出众，就把自己珍藏多年的心爱画笔送给他，对他说：“孩子，努力吧！希望你用这支笔画出更新、更美的画！你一定会比爸爸更有出息！”毕加索知道父亲对自己寄予无限的希望，学画更努力了。

就在这一年的秋天，在巴塞罗那美术学院任教的父亲，亲自带他去参加学院的入学考试，没想到老师在黑板上出了几道数学题，毕加索绞尽脑汁连一道也算不出，急得满头大汗。这时老师递给他一张纸，对他说：“答案全在上面。”多亏了这位老师的帮助，毕加索才考进了美术学院。

尽管毕加索的计算能力极差，但在绘画方面却显示出非凡的才能。父亲教他学习美术的初等课程，随后让他参加了静物画、模特画、油画的学期考试，都取得了优异的成绩。更让人吃惊的是，他只用一天的时间就神奇地学完了一个月的课程。面对这样绝顶聪明的学生，美术学院的教授几乎不知道教什么好了。

当时才10多岁的毕加索的作品已几次在马拉加和马德里获奖。在勤学苦练中，毕加索特别注意观察生活。他同情下层劳动人民的疾苦，经常深入他们中间去体验生活。

一天，毕加索看到一个骨瘦如柴、衣衫褴褛的男乞丐，手里拿着一个破碗，弯着腰，正在向行人讨钱。他出神地望着这个乞丐，对乞丐的衣着打扮、一举一动都细细地加以观察，久久不愿离去。

回家以后，毕加索便创作出一幅乞丐行乞的人物肖像画。他还观察流浪汉、走江湖的马戏演员等形象，并把这些人物惟妙惟肖地画出来。这些画的代表作有《少女肖像》《穷人的进餐》《卖艺人一家及猴子》等，较好地体现了他早期作品注重写实的风格。

心灵启迪

发现自己的天赋，热爱自己的天赋，发展自己的天赋，贡献自己的天赋，才能实现人生的最大价值。

为自己插上成功的翅膀

成就平平的人往往是善于发现困难的天才，善于在每一项任务中都看到困难。他们莫名其妙的担心，使自己丧尽勇气。一旦开始行动，就开始寻找困难，时时刻刻等待困难出现。当然，最终他们发现了困难，并且为困难所击败。

他们善于夸大困难，缺少必胜的决心和勇气。即使为了赢得成功，也不愿意牺牲一点点安乐和舒适作为代价。总是希望别人能帮助他们，给他们支持。

如果机遇总是不曾垂青他、他总是找不到自己喜欢做的事，那他就承认自己不是环境的主人，他不得不向困难低头，因为他没有足够的力量。那些只看到困难的人有一个致命弱点，就是没有坚强的意志去驱除障碍。他没有下定决心去完成艰苦工作的意愿。他渴望成功，却不想付出代价。他习惯于随波逐流，浅尝辄止，贪图安乐，胸无大志。

这些人似乎戴着一副有色眼镜，除了困难什么也看不见。他们前进的路上总是充满了“如果”、“但是”、“或者”和“不能”。

莫泊桑13岁那年，考入了里昂中学，他的老师布耶是当时著名的巴那斯派诗人。布耶发现莫泊桑颇有文学才能，就把他介绍给福楼拜。

福楼拜是世界闻名的作家，当时在法国享有崇高的声誉。他看了看莫泊桑的作品，对他说：“孩子，我不知道你有没有才气。在你带给我的东西里表明你有某些聪明，但是，你永远不要忘记，照布封(法国作家)的说法，才气就是坚持不懈，你得好好努力呀！”

莫泊桑点点头，把福楼拜的话牢牢记在心里。

福楼拜想考一考莫泊桑的观察能力和语言功底。一天，福楼拜带莫泊桑去看一家杂货铺，回来后要莫泊桑写一篇文章，要求所写的货商必须是杂货铺的那个货商，所写的事物只能用一个名词来称呼，只能用一个动词来表达，只能用一个形容词来描绘，并且所用的词，应是别人没有用过甚至是还没有被人发现的。

多苛刻的要求啊！但莫泊桑理解福楼拜的良苦用心，他写了改，改了写，反反复复，努力朝福楼拜提出的要求奋斗着。

在福楼拜的严格要求下，莫泊桑的学业进步飞快。后来，他就写剧本和小说了，写完就请福楼拜指点，福楼拜总是指出一大堆缺点。莫泊桑修改后要寄出发表，但是福楼拜总是不同意，并且告诉他，不成熟的作品，不要寄往刊物上发表。

刚开始，莫泊桑唯命是从，福楼拜不点头，他就把文稿放在柜子里。慢慢地，文稿竟堆起来有一人多高，莫泊桑开始怀疑：福楼拜是不是在有心压制自己？

一天，莫泊桑闷闷不乐，到果园去散心。他走到一棵小苹果树跟前，只见树上结满了果子，嫩嫩的枝条被压得贴着了地面，再看看两旁的大苹果树，树上虽然也果实累累，但枝条却硬朗朗地支撑着。这给了他一个启示：一个人，在“枝干”未硬朗之前，不宜过早地让他“开花结果”，“根深叶茂”后，是不愁结不出丰硕的“果实”来的。从此，他更加虚心地向福楼拜学习，决心使自己“根深叶茂”起来。

1880年，莫泊桑已经到而立之年了。一天，他拿着小说《羊脂球》向福楼拜请教。福楼拜看后拍案叫绝，要他立即寄往刊物上发表，果然，《羊脂球》一面世，立即轰动了法国文坛，莫泊桑顿时成为法国文学界的新闻人物，同时，他也登上了世界文坛。

一个会取得成功的年轻人也会看到困难，但却从不惧怕。莫泊桑不怕福楼拜的苛求，一遍又一遍地修改，最终让他的作品成为传世佳作。

心灵启迪

相信自己，勇往直前的勇气能扫除一切障碍。

放飞梦想

树立坚定的信念，放飞心中的梦想，你将能随它一起到达人生最美丽的地方。坚守信念，追逐梦想，你将会拥有一个更加灿烂的明天。让信念发力，让梦想起航，扬起生命的帆船，驶向梦想的彼岸。

找到通往天堂的梯子

为了达到你的目标，你必须避免那种被美国心理学家考克斯称之为“羚羊的思维”的东西。

一次，考克斯和约翰一起进行了一次凌晨穿越赛伦吉提大平原的飞行。景色非常优美，他们能看见大象、狮子和大群羚羊席卷穿过整个平原。

“羚羊的数量这么大，真是一件好事啊！”他们的非洲导游注意到他们正盯着那一大群羚羊时沉吟道，“否则，这个物种很快就会灭绝。”

考克斯问他为什么这么说，他笑了，然后指着一头停止奔跑的羚羊说：“你将会注意到那头羚羊跑不了多远了。它们停下来不是因为意识到有什么重要的事情需要思考，也不是因为它们累了，是因为它们太愚蠢以至于忘记了当初它们为什么要奔跑。它们发现了天敌，本能地逃开，开始向相反的方向跑。但是它们忘记了是什么促使它们奔跑，甚至有时候是在最不适当的时候停下来。”

“我曾经看见它们就停在天敌旁边，有时甚至向某个天敌走过去，似乎它们已经忘记了这是否就是同一种在几分钟以前让自己惊慌失措的动物。它们就差冲上去说：嘿！狮子先生，你饿了吗？在找午餐吗？如果不是有一大群羚羊的话，我想这整个种群将在几个星期之内被消灭干净。”

当时，考克斯在热气球里很容易去嘲笑那些羚羊，而在这次飞行结束以前，他发现自己有了一个很有趣的想法——在现实的商业世界中，他曾经见过同样的问题。

是不是有许多人有规律的举动让你想起那些羚羊呢？他们有不错的主意，他们为自己设立了一个目标，而且为这个目标努力了一天或者仅仅半天。也许他们只是谨慎地四处溜达了40分钟罢了。40分钟以后，他们发现他们并没有达到目标。然后他们就会对自己说：“嗯，这太难了。这比我想象的难多了。”接着他们就会永远停在那里一动不动。

为了避免羚羊思维，你必须确定一个目标，然后坚持不懈地向它努力。你不想在路上停下来，而且当你的天敌逼近的时候，当然更不想停下来。当每天结束的时候，你必须好好总结一下，并且问自己：“距离我为自己设定的主要目标，今天我又走近了多少？”如果你对这个问题的真实答案是，今天你没有为达到目标做出什么有意义的行动，也就是说今天你停在路上，那么你必须决心从明天开始让自己振作起来。

心灵启迪

许多人并不是在他们朝目标努力的过程中犯错，而是他们没有坚持向目标努力。

确定未来的方向

有些人认为，只有天才才会有好主意。事实上，要找到好主意，靠的是态度，而不是能力。一个思想开放有创造性的人，哪里有好主意就往哪里去。在寻找的过程中，他不轻易扔掉一个主意，直到他对这个主意可能产生的优缺点都彻底弄清楚为止。

罗马纳·巴纽埃洛斯是一位年轻的墨西哥姑娘，16岁就结婚了。在两年当中她生了两个儿子，丈夫不久后离家出走，罗马纳只好独自支撑家庭。但是，她决心谋求一种令她自己及两个儿子感到体面和自豪的生活。

她用一块普通披巾包起全部财产，跨过里奥兰德河，在得克萨斯州的埃尔帕索安顿下来，开始在一家洗衣店工作，一天仅赚1美元，但她从没忘记自己的梦想，即要在贫困的阴影中创建一种受人尊敬的生活。于是，口袋里只有7美元的她，带着两个儿子乘公共汽车来到洛杉矶寻求更好的发展机会。

她开始做洗碗的工作，后来找到什么活就做什么。拼命攒钱直到存了400美元后，便和她的姨母共同买下一家拥有一台烙饼机及一台烙小玉米饼机的店。

她与姨母共同制作的玉米饼非常成功，后来还开了几家分店。直到最后，姨母感觉到工作太辛苦了，这位年轻妇女便买下了她的股份。不久，她经营的小玉米饼店铺成为全美最大的墨西哥食品批发商，拥有员工300多人。

她和两个儿子经济上有了保障之后，这位勇敢的年轻妇女便将精力转移到提高那些美籍墨西哥同胞的地位上。

“我们需要自己的银行。”她想。后来她便和许多朋友在东洛杉矶创建了泛美国民银行。这家银行主要是为美籍墨西哥人所居住的社区服务。如今，银行资产已增长到2200多万美元，在这之前抱有消极思想的专家们告诉她：“不要做这种事。”

他们说：“美籍墨西哥人不能创办自己的银行，你们没有资格创办一家银行，同时永远不会成功。”“我行，而且一定要成功。”她平静地回答说。结果她真的梦想成真了。她与伙伴们在一个小拖车里创办起他们的银行。可是，到社区销售股票时却遇到另外一个麻烦，因为人们对他们毫无信心，她向人们兜售股票时遭到拒绝。

他们问道：“你怎么可能办得起银行呢？”“我们已经努力了十几年，总是失败，你知道吗？墨西哥人不是银行家呀！”但是，她始终不放弃自己的梦想，始终坚持不懈……如今，这家银行取得伟大成就的故事在东洛杉矶已经传为佳话。后来她的签名出现在无数的美国货币上，她由此成为美国第三十四任财政部长。

态度比教育、金钱、环境更重要。查尔斯·史温道尔曾说：“态度比你的过去、教育、金钱、环境……还来得重要。态度比你的外表、天赋或技能更重要，它可以建立或毁灭一家公司。”在一份CEO卷面调查中，有80%的人承认，并非特殊才能使他们达到目前的地位。这些人当中没有一个人在班上是名列前茅的，之所以能达到目前的地位就是凭借态度。

心灵启迪

要想使宏伟的计划不是永远停留在纸上的蓝图，你就要用行动把它变为现实。

信念是成就人生的动力

持之以恒就能达到目的。

许多人一事无成，就是因为他们缺少雄心勃勃、排除万难、迈向成功的动力。不管一个年轻人有多么超群的能力，有多么聪明、谦逊、和善，如果他缺少迈向成功的发动机，他将难有成就。

无数人熟知的“just do it”，第一个“just do it”广告的主人公是坐在轮椅上的田径运动员克莱格·布朗修，广告口号是出现在黑色背景下的反白字。广告语唤起了一代人的共鸣。它让人想起一个过于肥胖的人推迟了他的减肥计划，忙碌的职员们被其他事情打乱了健身活动以及所有梦想参加体育活动却被种种事务打断的人。这仿佛是在敦促人们去锻炼身体，马上去行动，去实现。就是这样一种信念，让一个热爱运动的男孩实现了对运动事业的贡献，创造了耐克。

菲尔·耐特，从小就喜欢运动，并考入美国田径运动的大本营——俄勒冈大学，当然，他对阿迪达斯、彪马这类运动品牌十分熟悉。

在俄勒冈，耐特遇到了自己一生的良师益友，就是自己的教练比尔·鲍尔曼。他是个事业心极强的人，一心要使自己的运动队超过其他队。训练比赛中，运动员的脚病是最常犯的，鲍尔曼便设计出一种鞋，底轻而支撑又好，摩擦力小且稳定性强，这样可以减少运动员脚部的伤痛，跑出好成绩。

1960年，耐特毕业了。其间他在一个调查报告中提到，很多体育名将和普通运动员其实都有一个共同的目标：打败阿迪达斯，让越来越多的运动员穿上日本生产的高质量低价格的跑鞋——Tigers（虎牌）。毕业后的耐特决定到日本去寻找一个机会。

在日本的展览会上，耐特碰到了日本的虎牌运动鞋厂家，他自称是来自美国的蓝丝带运动公司，刚好虎牌需要一个代理商来打入美国市场，于是就把代理权给了这个初出茅庐的小伙子。

拿到代理权的耐特立即找到了鲍尔曼，组成真正的蓝丝带运动公司，成为虎牌运动鞋在美国的独家经销商，开始了最初的创业。这个“蓝丝带”就是“耐克”的前身。

日本厂商不断刁难，但他们依然坚持着，设计、改进、促销，让人们接受他们的产品。不久，日本总公司察觉产品销路不错，便开始提高价格，并百般刁难，想要收购他们的股权，耐特和鲍尔曼断然拒绝，决定开一家属于自己的公司，起名为耐克，这是根据希腊胜利之神的名字而取的。而NIKE这个名字，在西方人的眼光里是很吉利的，易读易记，很能叫得响。

他们很快推出了以“耐克”命名的运动鞋，并设计了醒目的商标。耐克那个著名的“一钩”商标象征力量和速度。为了做宣传，耐特和他的妻子亲手印制了耐克T恤到奥运会的预赛场上分发，但看见的人都问：“谁是NIKE？”在比赛中，耐特小小地出了一把风头，被说服使用这种新鞋的马拉松运动员获得第四名到第七名，而穿阿迪达斯鞋的运动员则在预选赛中获前三名。

在运动鞋行业，耐克面临着激烈的竞争。耐特和鲍尔曼意识到：

如果不能开发出比现在产品更好的新产品，就根本没希望提高市场占有率。而且，到目前为止，美国鞋商生产出来的还远比不上前联邦德国阿迪达斯公司生产的外国鞋。

1975年，一个星期天的早晨，鲍尔曼在烘烤华夫饼干的铁模中摆弄出一种尿烷橡胶，用它制成一种新型鞋底，在这种华夫饼干式的鞋装上小橡胶圆钉，使得这种鞋底的弹性比市场上流行的其他鞋的弹性都强。这种看上去很简单的产品改进，成为耐特和鲍尔曼事业的起点。

在坚定的信念下，菲尔·耐特和鲍尔曼不断改进自己的产品，为自己的品牌创造独具风格的特点，不惜代价，提高产品质量，提高产品在人们心中的地位，而仅仅只是一句话，概括了耐克所有的精神：Just do it!

心灵启迪

一个人有希望，加上坚韧不拔的决心，加上持之以恒的努力，就能达到目的。

不要轻易放飞梦想

伽利略1564年生于意大利的比萨城，就在著名的比萨斜塔旁边。他的父亲是个破产贵族。当伽利略来到人世时，他的家庭已经很穷了。17岁那一年，伽利略考进了比萨大学。在大学里，伽利略不仅努力学习，而且喜欢向老师提出问题，哪怕是人们司空见惯、习以为常的一些现象，他也要打破砂锅问到底。

有一次，他站在比萨的天主教堂里，眼睛盯着天花板，一动也不动。他用右手按左手的脉搏，看着天花板上来回摇摆的灯。他发现，这灯的摆动虽然是越来越弱，以至每一次摆动的距离渐渐缩短，但是，每一次摇摆需要的时间却是一样的。于是，伽利略做了一个适当长度的摆锤，测量了脉搏的速度和均匀度。从这里，他找到了摆的规律。钟就是根据他发现的这个规律制造出来的。

家庭生活的贫困，使伽利略不得不提前离开大学。失学后，伽利略仍旧在家里刻苦钻研数学。由于他的不断努力，在数学的研究中取得了优异的成绩。同时，他还发明了一种比重秤，写了一篇论文，题目为《固体的重心》。此时，21岁的伽利略已经闻名全国，人们称他为“当代的阿基米德”。在他25岁那年，比萨大学破例聘他当了数学教授。

在伽利略之前，古希腊的亚里士多德认为，物体下落的快慢是不一样的。它的下落速度和它的重量成正比，物体越重，下落的速度越快。比如说，10千克重的物体，下落的速度要比1千克重的物体快10倍。

1700多年前以来，人们一直把这个违背自然规律的学说当成不可怀疑的真理。年轻的伽利略根据自己的经验推理，大胆地对亚里士多德的学说提出了疑问。经过深思熟虑，他决定亲自动手做一次实验。他选择了比萨斜塔做实验场。

这一天，他带了两个大小一样但重量不等的铁球，一个重100磅，是实心的；另一个重1磅，是空心的。伽利略站在比萨斜塔上面，望着塔下。塔下面站满了前来观看的人，大家议论纷纷。

有人讽刺说：“这个小伙子的神经一定是有病了！亚里士多德的理论不会有错的！”实验开始了，伽利略两手各拿一个铁球，大声喊道：“下面的人们，你们看清楚，铁球就要落下去了。”

说完，他把两手同时张开。人们看到，两个铁球平行下落，几乎同时落到了地面上。所有的人都目瞪口呆了。伽利略的试验，揭开了落体运动的秘密，推翻了亚里士多德的学说。这个实验在物理学的发展史上具有划时代的重要意义。

哥白尼是波兰杰出的天文学家，他经过40年的天文观测，提出了“日心说”的理论。他认为宇宙的中心是太阳，而不是地球。地球是一个普通的行星，它在自转的同时还环绕太阳公转。伽利略很早就相信哥白尼的“日心说”。1608年6月的一天，伽利略找来一段空管子，一头嵌了一片凸面镜，另一头嵌了一片凹面镜，做成了世界上第一个小天文望远镜。

实验证明，它可以把原来的物体放大3倍。伽利略没有满足，他进一步改进，又做了一个。他带着这个望远镜跑到海边，只见茫茫大海波涛翻滚，看不见一条船。可是，当他拿起望远镜往远处再看时，一条船正从远处向岸边驶来。实践证明，它可以放大8倍。伽利略不断地改进和制造着，最后，他的望远镜可以将原物放大32倍。

每天晚上，伽利略都用自己的望远镜观看月亮。他看到了月亮上的高山、深谷，还有火山的裂痕。后来又开始观看太空，探索宇宙的奥秘。他发现，银河是由许多小星星汇集而成的。他还发现，太阳里面有黑斑，这些黑斑的位置在不断地变化。由此他断定，太阳本身也在自转。伽利略埋头观察，以无可辩驳的事实，证明地球在围着太阳转，从而证明了哥白尼学说的正确。1610年，伽利略出版了著名的《星空使者》。人们佩服地说：“哥伦布发现了新大陆，伽利略发现了新宇宙。”

我们每个人都有理想，很多情况下，完全有条件，有可能，也完全有必要认认真真地去考虑它，好好地策划自己的人生，不要走一步算一步，得过且过，迷迷糊糊地生活。

如果你还没有梦或者还没有一个人生目标，那么不妨从现在起，根据自己的实际情况给自己的人生定一个目标，然后不弃不舍，一步一步努力去实现它。

心灵启迪

有梦，不要轻易放弃，在奔向梦想的路上，抵制各种名利的诱惑，梦想成为现实便指日可待。

第六章 幸福是一种习惯

习惯真是一种顽强而巨大的力量，它可以主宰人的一生，因此，人从幼年起就应该通过教育培养一种良好的习惯。

——培根

你抱着下坡的想法爬山，便无从爬上山去。如果你的世界沉闷而无望，那是因为你自己沉闷无望。如果你能够改变你的心态，建立你的信心，抓住人生的希望，追逐你的梦想，让快乐成为你的习惯，那么幸福就会伴随你的人生，直到永远。

改变心态

世界著名潜能学大师安东尼·罗宾说：“影响我们人生的绝不是环境，也不是遭遇，而是我们持什么样的心态。”换言之，你有什么样的态度，就有什么样的人生。一个人成就的大小，都和他的态度有关。你的态度端正、积极，你的人生就容易成功、幸福，你的态度消极，你的人生就容易遭受失败。

绝不扮演受害者的角色

有这样一个让人深思的小故事——

大街上，几个失败者偶然聚在一起，他们谈起了各自“失败”的原因。

“我所在的单位破产了！”

“我年纪轻轻就患上了肝炎，这使我失去了好几份工作。”

“我每到一家公司都很倒霉，总是遇上那种任人唯亲的老板！”

“现在经济不景气，什么生意都不好做！”

就在这几个失败者纷纷把自己“失败”的原因归咎于外界时，一个路过的成功者听后，说：“许多已经成功的人，以前都有过类似你们这样的经历，但他们没有自动地去扮演受害者的角色，没有一味抱怨，而是迅速调整自己的思路，最终获得了事业上的成功。”

“那以后我们应该怎么做？”一个失败者急不可耐地问。

“很简单：改变思路才有出路！不同的观念最终导致不同的人生。如果你一直扮演受害者的角色，你的观念就会决定你在20年后的今天依旧失败。”

现在，你也应该知道成为成功者的关键是什么了吧。

事实上，没有人生来就是受害者，有的人自觉地扮演受害者的角色，是因为他们认为这样做能给他们带来一定的好处。然而事实并非如此，你必须相信，只有你能造就你的成功，也只有你能造就你的平庸。不管是出于自觉还是不自觉的原因，你的人生状态都是你自己造成的。

假使你现在还一事无成，不要悲叹自己的生涯，不只如此，还应该抱持喜悦之心才对。

有一位记者问卡西欧计算机社长杜尾忠雄先生：“获得成功的秘诀是什么？”

杜尾忠雄回答说：“当然是失败的经历。”卡西欧社长基于曾经失败的原动力才创设公司，使该公司成为东京证券交易所第一个上市的公司，取得了相当了不起的发展。

失业、疾病、挫折、贫困等逆境，能锻炼一个人的意志，培养一个人的韧性，同时点燃一个人发奋图强的斗志。

调查一下取得巨大成就的人们的过去，你就会发现他们都曾经历过令一般人感到绝望的困境，同时他们又是在这个时候掌握了取得成功必备的能力。因此，即使痛苦，也要向前看，努力前进。如果想品尝“天生我材必有用”、“这辈子总算是没白活一场”这样一种最深、最强烈的激情，在此之前必然要经历一段艰苦卓绝的岁月。

假使你觉得自己的前途无望，觉得周围的一切都很黑暗惨淡，那么你应该立刻转过身来，朝向另一面，朝向那希望与期待的阳光，而将黑暗的阴影遗弃掉。把贫穷的思想、恐惧的思想，从你的心中驱走，挂上光明的、愉快的图画。

人若是曾被困境折磨，对成功的欲望和毅力就有可能比别人强，构想才会不断地涌出，并具有卓越的行动力。

日本歌手千昌夫，如今也是一位在夏威夷毛伊岛有幢豪华饭店的实业家。他在兄弟三人之中排行老二，小学三年级时父亲病故，全家人以母亲的积蓄勉强维持生计。但因为实在太穷无法支付电费，常常被停电。没办法，全家人只好靠蜡烛照明。即使是现在，每当他看到蜡烛，眼前就浮现当年贫困生活的情景。

千昌夫初中毕业升入高中，心里仍旧充满着贫困艰辛的感觉。这种感觉，促使他产生渴望获得成功的雄心。高中二年级寒假的一天，他独自一人乘夜间列车离家出走，以做歌手为目标直奔东京。之后，他拜作曲家远藤实宅为师，历经磨难与痛苦，终于成为如今风靡全国乃至世界的歌手。

就像这样，失业、疾病、逆境、危机、一贫如洗等，会成为取得成功的最大引爆剂和原动力。当然，其前提是你要改变思想。

许多人总以为自己已尽最大的努力同困境奋斗。实则他们并没有尽一切的可能去努力。就事而论，世间许多的失败，都是由自我否定、自我贬低及不愿努力、不肯奋斗所造成的。

人类有几种坚强的品质，都是与“失败”、“困境”誓不两立、水火不容的。我们常能发现，在那些虽则贫穷、虽则不幸，但仍然努力奋斗的人身上，都具有这些品格。但在那些因失掉了勇气、失掉了自信，或因懒得去努力奋斗而贫穷的人身上，却没有这种坚强的品格。

人们的生活是好还是坏，全因人的思维方式而定，这是一条不变的法则。你认为成功的可能性大，则大；你认为成功的可能性小，则小。千昌夫取得成功的原因之一，就是即使困境时期他也依旧认为成功的可能性巨大无比。

人生只有一次，所以，我们应该拥有良好的心态，以积极的态度面对困境。而不应该自甘堕落，自己把自己扮演成受害者的角色。

心灵启迪

自强与自立，是坚强品格的基石。

别让恐惧征服你

关于恐惧，弗洛伊德给出了一个绝妙的解说：一个人置身于非洲丛林，看到蛇会感到恐惧，这是很正常的事，这种恐惧感有利于保护自己。但如果一个人在房间里也感到恐惧，以为在房间里的地毯下面有一条蛇，那么这种恐惧就是病态的，不正常的。其实，在生活中，我们的很多恐惧就是这样产生的。我们对自身状况的许多焦虑就像弗洛伊德所说的地毯下的蛇一样，是我们自己幻想出来的。

在一个寒冷的冬夜，一群男人聚在一家小酒店里烤火聊天。当谈到他们当中到底谁的胆子最大时，他们谁也不服谁，都抢着说自己以前如何天不怕、地不怕，仿佛天下只有自己的胆量最大。

这时，在客栈的角落，“唰”的一声，有个武士拔出长剑，对酒馆里的众人道：“单靠嘴巴说，比不出一个高低，有本事的，拿我这把剑，去插在村外的那块坟地上。”

众人面面相觑，想到那块恐怖的坟地，竟无一人敢出声答话。

武士指着一个年轻小伙子说：“喂，伙计，刚刚就你讲话最大声，怎么样，不敢去吗？怕了吧？真是个胆小鬼！”

小伙子被此话一激，觉得很没有面子，再加上腹中的烈酒作怪，他顿时跳了起来：“谁说我不敢去？就怕你不敢跟我赌，十两银子，如何？”

武士豪爽地大笑，将长剑掷了过去：“痛快，好，十两就十两，我在这儿等你回来拿银子！”

小伙子接过长剑，头也不回地走出酒馆，刺骨的寒风迎面吹来，他的酒意立刻醒了一半。心想自己怎么如此冲动，村外的那块坟地，一直传说在闹鬼，但一想到那十两银子和面子的问题，虽然有了七分悔意，小伙子还是硬着头皮，加紧脚步赶向坟地，心中只想快去快回，也好交差了事。好不容易来到了那块坟地上，也不知是不是自己心里犯嘀咕，小伙子只觉坟地四周仿佛有鬼影飘忽不定、阴气重重。

小伙子不敢多作逗留，闭着眼慌忙地将手中的长剑往地上一插，转头便想飞奔而去。

却不料，小伙子此时竟无法移动分毫，仿佛有一只无形的手从背后紧紧抓着他不放。小伙子不敢回头，大叫一声，便昏了过去。

第二天一早，大伙儿来到坟地，只见武士的那柄长剑将小伙子的长衫紧紧地钉在地上。一旁，则是小伙子满脸惊骇的尸体。

生活中，把我们钉死在原地不动、让我们陷入困境的，往往正是无知的恐惧。如果我们不想办法超越这些恐惧，那么恐惧就会征服我们。这样，我们的精神世界就会变得紧张、不安，使自己失去做人的欢乐和追求成功的勇气。

冒险精神并非与生俱来，多半是由训练而来的，经由冒险、失败，再冒险，再失败，一步步锻炼出来的。

毫无疑问，人们的冒险精神似乎随着年龄的增长而逐渐消退了，一方面是由于人们在经历失败与挫折后，本能上会产生挫折感而泄气，如果没有适度的激励因素，很难恢复本能的冒险精神；另一方面是由于传统的教育观念造成的，基于保护幼小的心理，当小孩一旦做出任何危险行动时，马上会受到大人的责骂，因而养成了孩子安全至上、少惹麻烦的习惯。小孩和大人都以平安顺利为上，逃避风险便成了一种习惯，而正是这一习惯，成了投资的严重障碍。

当一个人能控制恐惧感，便能较容易地控制自己的思想和行为，他的自控能力能让他在纷乱的环境下处变不惊，并能无畏于后果的不确定性而做该做的决定。当结果并不如其所愿时，也有充分的心理准备来承受失败的结果，而这种临危不乱的勇气和冒险精神，正是投资人所应具备的良好心理素质。

勇气源于控制恐惧，而培养冒险精神则始于对风险的了解，特别是对风险所造成的后果的了解。

的确，积习已久的避险习惯，想在短时间内改变过来谈何容易。但是，既然冒险是成功理财致富不可或缺的要素，学习投资理财的首要任务就是克服恐惧，培养健康的冒险精神和稳定的心态。

心灵启迪

勇于冒险的人，并非不惧风险，只是因为他们能认清风险，进而克服对风险的恐惧。

先改变你的心态

两个人从牢中的铁窗朝外看，一个看到的是泥土，另一个却看到了星星；生活在同样一个世界上，有的人过得幸福、快乐、富有，有的人却一直生活在苦恼和贫困之中。

这是为什么呢？

其实，人与人之间原本没多大区别，只是由于各自心态的不同而造成截然不同的人生结局。

有两个乡下年轻人外出打工。一个想去上海，一个要去北京。在候车厅等车时，听到邻座的人议论说："上海人精明，外地人问路都收费；北京人质朴，见了吃不上饭的人，不仅给馒头，还送旧衣服。"

想去上海的人听说北京人好，一想，挣不到钱也饿不死，庆幸车没到，不然一到上海就掉进了火坑。

去北京的人想，上海好，给人带路都能挣钱，我幸亏还没上车，不然真失去了一次致富的机会。

于是，他们在退票处相遇了，互换了车票。

去北京的人发现，北京果然好。他初到北京的一个月，什么都没干，竟然没有饿着。银行大厅里的纯净水可以白喝，大商场里试吃用的点心也可以白吃，他整天偷着乐。

去上海的人发现，上海果然是一个可以发财的城市，干什么都可以赚钱。带路可以赚钱，开厕所可以赚钱，弄盆凉水让人洗脸也可以赚钱。只要想点办法，再花点力气就可以赚钱。

凭着乡下人对泥土的感情和认识，第二天，他在建筑工地装了10包含有沙子和树叶的土，以“花盆土”的名义，向不想看见泥土而又爱花的上海人兜售。

当天他在城郊间往返5次，净赚了40元钱。一年后，凭着“花盆土”，他竟然在大上海拥有了一个小小的门面。

后来，他在常年的走街串巷时，发现一些商店楼面亮丽而招牌较黑，一打听才知道是清洗公司只负责洗楼而不洗招牌。他立即办起一个小型清洗公司，专门负责擦洗招牌。慢慢地他的员工发展到几百人，业务也由上海发展到杭州和南京。

数年后，他坐火车到北京考察清洗市场。在北京车站，一个捡破烂的人把头伸进软卧车厢，向他要一只空啤酒瓶。就在递酒瓶时，两人都愣住了，因为数年前，他们曾换过一次车票。

这个故事告诉我们：心态是一柄双刃剑，积极的心态成就人生，消极的心态则毁灭人生。如果我们要想改变自己的世界，首先就应该改变自己的心态。心态是正确的，我们的世界也会是正确的。

遗憾的是，很多人并没有意识到积极心态的重要性。他们把自己过得不如意的原因归咎于上天对自己的不公平，未能给自己提供一个良好的环境，从而导致自己一直碌碌无为。那么，人生的结局真的是由于外界环境所造成的吗?

当然不是。正如世界著名潜能学大师安东尼·罗宾所说：“影响我们人生的绝不是环境，也不是遭遇，而是我们持什么样的心态。”

一个人能否成功，就看他的心态了。成功人士与失败者之间的差别是：成功人士始终用最积极的心态支配和控制自己的人生。失败者则刚好相反，他们总是喜欢用消极的心态去看待和思考问题。

成功学家拿破仑·希尔说："播下一种心态，收获一种思想；播下一种思想，收获一种行为；播下一种行为，收获一种习惯；播下一种习惯，收获一种性格；播下一种性格，收获一种命运。"

心灵启迪

心态决定命运。心态的改变，就是命运的改变。

永远坐在生活的前排

20世纪30年代，在英国一个不出名的小镇，有一个叫玛格丽特的小姑娘，她自小就受到严格的家庭教育。父亲经常向她灌输这样的观念：无论做什么事情都要力争一流，永远要在别人前头，而不能落后于他人。即使是坐公共汽车，你也要永远坐在前排。父亲从来不允许她说"我不能"或者"太难了"之类的话。

对于一个年幼的孩子来说，他的要求可能太高了，但他的教育在以后的岁月里被证明是非常正确的。正是因为从小就受到父亲的残酷教育，才培养了玛格丽特积极向上的决心和信心。在以后的学习、生活或工作中，她时时牢记父亲的教导，总是抱着一往无前的精神和信念，尽自己的最大努力克服一切困难，做好每一件事情。事事必争一流，以自己的行动实践着"永远都要坐在前排"这句话。

玛格丽特在上大学时，学校要求用五年时间学习的拉丁文课程，她凭着自己顽强的毅力和拼搏的精神，硬是在一年内全部学完了，并且她的学习成绩名列前茅。玛格丽特不光是在学业上出类拔萃，她在体育、唱歌、演讲及学校其他活动方面也都一直走在前列，是学生中的佼佼者。

正因如此，40多年后她连续4年当选为英国保守党领袖、英国第一位女首相，被政坛誉为“铁娘子”，她就是玛格丽特·撒切尔夫人。

“永远都要坐前排”，这是一种积极的人生态度，能激发你一往无前的勇气和争创一流的精神。在这个世界，想坐前排的并不少，而真正能够坐在前排的却总是不多。许多人之所以不能够坐到“前排”，就是因为他们把坐在前排仅仅当成了一种人生理想，而没有采取具体行动。那些最终坐到前排的人，之所以成功，是因为他们不但有理想，更重要的是把理想变成了行动。

一位哲人曾说过：“无论做什么事情，你的态度决定了你的高度。”

让我们以玛格丽特为榜样，抱着一往无前的精神和信念，尽自己的最大努力克服一切困难，做好每一件事情，事事必争一流，以自己的行动实践着“永远都要坐在前排”，最终实现自己的人生超越。

在生活中，只要你永争第一，世界上美好的事物就自动会向你靠拢。

乔丹打篮球成为世界顶尖篮球巨星，不但一年收入8000万美金，而且还有人找他拍电影，有人找他拍广告，有人找他出书，请问他的运动鞋需要自己买吗？不用，耐克会提供。他穿的西服需要自己买吗？当然也不用，别人不但免费提供，还要付他广告费，甚至香水厂商还借乔丹的名字与肖像生产乔丹牌香水。乔丹什么事都不用做，只要出名字与头像，别人就送他30%的股份。你说为什么？因为他是他的行业中最顶尖的人，他是世界上有史以来最伟大的篮球巨星。

成龙拍电影时，各个汽车厂商主动争取免费提供汽车的机会，让成龙在电影里面表演特技。成龙选中日本三菱跑车，三菱立刻提供上百台新车让成龙拍摄赛车镜头，成龙将车撞得稀烂，三菱也分文不取，为什么呢？因为成龙是很棒的，他的电影总是很卖座的。

成龙拍一部电影需要许多特技镜头，拍摄时有的当地政府派出警察帮他开道，甚至封闭路段也不收取成龙费用，只为了协助成龙拍电影。为什么呢？因为成龙是世界最顶尖的特技明星之一，他的电影在国际上非常卖座。

成龙在马来西亚拍电影，一次意外将“万宝路香烟”的广告招牌撞坏，万宝路公司不但不要求赔偿，还决定不必将招牌修好，因为是成龙撞的，宣传价值更大。

成龙从小练功，为了进入戏班子演戏，7岁开始吃苦头。后来当上电影替身演员从事危险动作，当时他替李小龙做特技替身，立志要超越李小龙成为国际巨星。在历经40年的奋斗后，成龙终于成为国际巨星。他拍电影的收入都以提成方式获取，虽然片酬本身不高，但提成收入总是超越别人的片酬。因为电影一旦卖座，全世界的电影院都在替他赚钱，连好莱坞的巨星开餐厅，都来香港要求成龙合伙，他不但赚钱、出名，拍电影省成本，有人替他出书，甚至连香港政府都要颁奖给他，这到底是为什么？因为他已经成为行业中的顶尖，别人自然愿意奉送给他这些东西。

开餐厅成为世界快餐业第一名的连锁店麦当劳会不会赚钱？当演员当到世界巨星的成龙会不会赚钱？打篮球打到世界第一名的乔丹会不会赚钱？演说家世界第一名的安东尼·罗宾会不会赚钱？当然会。

心灵启迪

只要你是最好的，你就一定是最成功的。

建立信心

我们提倡做人要有一颗谦和的心，但并不是指你要否认自己的一切优点、长处，这样既极端，又对自己的成长不利。所以，在必要的时候，将自己的优点放大，肯定它，正视它，建立自信心，你才会成功。否则，如果你认为自己一无是处，便会陷入自卑的泥潭。

将自己的优点放大

许多人之所以能在逆境中扭转乾坤，从失败走向成功，就缘于他找到了自己身上隐藏的优点，并将其放大，使之成为激励自己上进的“秘密武器”。

从前，有一个穷困潦倒的年轻人流浪到巴黎，恳请父亲的朋友能帮自己找一份谋生的差事。

“数学精通吗？”父亲的朋友问他。

年轻人羞涩地摇头。

“那法律呢？”

年轻人还是不好意思地摇头。

“地理、历史怎么样？”

年轻人窘迫地垂下头。

“会计怎么样？”

父亲的朋友接连发问，年轻人都只能摇头告诉对方——自己似乎一无所长，连丝毫的优点也找不出来。

“那你先把自己的住址写下来，我总得帮你找一份事做呀。”

年轻人羞愧地写下了自己的住址，急忙转身要走，却被父亲的朋友一把拉住了：“年轻人，你的名字写得很漂亮嘛，这就是你的优点啊，你不该只满足找一份糊口的工作。”

把名字写好也算一个优点？年轻人在对方眼里看到了肯定的答案。

哦，我能把名字写得叫人称赞，那我就能把字写漂亮；能把字写漂亮，我就能把文章写得好看……受到鼓励的年轻人，一点点地放大着自己的优点，他在心里已找到自己奋斗的目标了。

数年后，年轻人果然写出享誉世界的经典作品。他就是家喻户晓的法国18世纪著名作家大仲马。

有良好心态的人，总会把自己的优点适当地放大，以此来激励自己，使自己带着一种轻松的心情去迎接困难。

在这个世界上，真正的天才、全才并不多，大多数人都是平凡之辈，但不管再怎么平凡的人，也会有一些优点，诸如“能把名字写好”、“对数字敏感”、“记忆力强”这类小小的优点。但在自卑的负面影响下，我们常忽略了它们，更不要说是将其放大激励自己了，这不能不说是人生的一大损失。

心灵启迪

即使再平凡无奇的生活，也蕴藏着丰富的宝藏。只要你承认它，它就能给你带来信心、带来光明。

自信才能自强

缺乏自信常常是一个人性格软弱和事业不能成功的主要原因。自信是一种感觉，有了这种感觉，我们才能怀着坚定的信心和希望，开始伟大而又光荣的事业。

美国皮套业的明星约翰·比奇安，曾经是一名警官，只是喜欢在业余时间做皮套。后来，约翰创办了全美最大的制造皮套和皮带厂家——比奇安国际公司，其产品专供执法人员和军方使用。他也担任过亨廷顿控股公司的顾问和瑟法里公司的发言人。比安奇在这个行业有极大的吸引力，当他出现在皮套展览台时，展厅的人们排着长队，只为一睹他的风采，就像西部乡村歌星会见他的歌迷一样。

约翰给别人讲过这样一个故事："信不信由你，38年前，我还年轻的时候，在咖啡厅干过活，我看见公司的老板进进出出，我观察他们时就问自己，什么使他们与众不同？他们在干些什么？我应当好好研究一下。我发现一件非常重要的事情——他们有一个重要的特点，就是充满信心。他们无所畏惧，他们是自信的。从那时起，我反复思考，后来发现，恐惧是产生许多问题的根源。你必须对自己有信心，如果你自己没有信心，任何人都无法相信你。"

莱尼特是一名普通的修理工。他的朋友们条件与他差不多，但薪水却都比他高，住在高级的住宅区。莱尼特觉得很困惑，究竟自己什么地方不如他们？

在见过心理医生之后，莱尼特找到了症结所在。莱尼特发现自从他懂事以来，就极不自信、妄自菲薄、不思进取、得过且过，他总是认为自己无法成功，也从不认为自己可以改变这一点。

于是，莱尼特痛下决心，再也不自我贬低，而是信心十足。他辞掉了原来的工作，通过面试，进入一家知名的维修公司，两年之后，成为行业中的著名人士。

在上面的两个例子中，他们的成功都被他们掌握在自己的手中，而他们成功的关键就是因为自信。

可见，自信绝不会在遥远的地方，它就在被我们曾经忽视的脚下，等待着我们大家去发现，去掌握。

欧洲有一句名言："一个人的自我思想决定他的为人。"行为是思想绽放的花朵。人们外在的言行举止，无论是自然行为还是刻意行为，都是由内心隐藏的思想种子萌芽而来的。

自信是一种心中抱着坚定的希望和信念走向伟大荣誉之路的感情。不相信自己比别人都出色的人是个可怜虫。不管我们的情况多么糟糕，或是沉沦在多么低下的地位，我们决不同任何人对换身份。当我们满怀自信，并且全力以赴时，做任何事情都有可能获得成功。

心灵启迪

相信自己，终会创造奇迹。

正确评价自己

一个人能否正确地、客观地评价自己，是很难的事。因为有许多人总是或高或低地估计自己的能力，要么心太高，误以为自己能一下做好几件大事；要么心太低，由于自卑作怪而误以为自己什么事也做不好。这都是导致人生挫败的重要因素。因此，我们要学会冷静地评价自己，发掘适合自己做的事情，这样才有可能准确地进行自己的计划，实现自己的梦想。

毕加索年轻的时候，他的画被很多人否定过，但是他说："我不认为我的画不好，我认为它是好的，我对它是极认真的，倾注了全部心血，也许它并不完美，但是我会继续努力，不断完善它。我不企求别人都肯定我的画，这是不可能的，但我知道总有人会欣赏我的画，我代表我自己，但也可能表现一群人的想法，尽管这群人不是很多，但毕竟有，所以，我迟早会被一些人肯定。"他最终成为伟大的画家。

我们生命中成就的大小，大半看我们能否对自己有信心，能否拒绝一切足以损害能力、降低效率的精神敌人于心胸之外。

荷兰出生的世界上最伟大的画家之一的凡高，他的艺术对现代绘画影响非常大，特别对苏联和德国的表现主义影响更深远。他一生画了800幅油画和700幅素描，但他的全部作品在其生前仅仅卖出去了一幅。他的一生是在贫困潦倒中度过的，他始终在和贫穷、困难、失败做顽强搏斗。在17年的绘画生涯中，他不在乎别人对他的评价，无所谓不被艺术承认，他始终坚持画他的思想，画他对生活的认识，并强烈地意识到这才是他真正的职业。

经历了近百年的艺术考验，他的作品成了世界拍卖史上最昂贵的油画，被世界上各大博物馆争相收藏。

生活就是这样，我们要学会正确地评价自己。假如你现在的生活还不尽如人意，先不要在意别人的看法，你要相信自己的直觉，丰富自己的梦想，这样你才会对未来有希望。

法国哲学家巴斯卡曾说："心灵具备某种连理智都无法解释的道理。"因此，我们要敢于大胆地跟随梦想前进，别害怕自己的能力有限，但也不要盲目。假如物理难倒了你，你可能没有机会成为量子物理学家；假如你已经四五十岁了，你可能无法在职业篮球赛中闯出一番天下，但是还有许多梦想可供你选择。

如果你觉得自己一无是处，那是你无能的表现。当然，也许我们没有贝多芬那样天才，也没有毕加索和凡高那样精湛的画技，但是天生我材必有用。

信心对每个人都很重要，因此，要相信自己在某些方面的能力，不要愁眉苦脸，不要满心忧虑，不要愤愤不平，不要对过去耿耿于怀，不要对未来忧心忡忡。尝试换一种获取成功的方式，你就会感到轻松和快乐。

经常想想什么事是你想做的，什么事是可以令你既觉轻松又乐在其中的，这有助于你去认知自己的才华，假如把这些才华运用在目标的追求上，成功的机会将会更多。

心灵启迪

当你对自己有信心时，生活决不会辜负你。

自信的人生最美丽

我们每个人身上都有这样或那样的缺点，缺乏自信心便是其中的一种。这种人总是自怜自怨，认为自己从头到脚、从里到外都一无是处，甚至不敢昂首走路。难道这种人真的没有优点，没有任何可爱之处吗？不是！只是他们丢失了自信罢了。

在纽约郊区的一个贫民区里，一位家境贫穷的黑人小女孩从小失去了父亲，她和体弱多病的母亲相依为命。她母亲没有文化，没有技术，只能靠打零工维持母女俩的生计。小女孩很自卑，因为从来没穿戴过漂亮的衣服和首饰。在这样极为贫困的生活中，小女孩一天天地长大了。

在她18岁那年的圣诞节，女孩妈妈破天荒给了她10美元，让她给自己买一份圣诞礼物。

女孩很兴奋，她决定给自己买一件礼物。但是她没有勇气从大街上大大方方地走过，她捏着钞票，绕开人群，贴着墙角朝商店走。

一路上，她看见所有人的生活都比自己好，心中不无遗憾地想，我是这个街区最寒碜的女孩子。看到自己特别心仪的小伙子，她又酸溜溜地想，今天晚上盛大的舞会上，不知道谁会成为他的舞伴呢？她就这样一路想着心事躲着人群来到了商店。

一进门，女孩感觉自己的眼睛都被刺痛了，她看到柜台上摆着一批特别漂亮的缎子做的头花、发饰。

正当她站在那里发呆的时候，售货员对她说，“小姑娘，你的亚麻色的头发真漂亮！如果配上一朵淡绿色的头花，肯定美极了。”

她看到价签上写着8美元，就觉得太贵了，但还是忍不住试了试。

这个时候，售货员已经把头花戴在了她的头上，并拿起镜子让她看看自己。

当这个姑娘看到镜子里的自己时，突然惊呆了，她从来没看到过自己这个样子，她觉得这一朵头花使她变得像天使一样光彩照人！

而且，这时售货员也赞叹道："漂亮极了，你简直是上帝派到人间的天使！"

女孩不再迟疑，掏出钱来买下了这朵头花。她的内心无比陶醉，无比激动，接过售货员找的两美元后，转身就往外跑，结果在一个刚刚进门的老太太身上撞了一下。她仿佛听到那个老太太在叫她，但已经顾不上这些，就一路飘飘忽忽地往前跑。

女孩不知不觉就跑到了街区最热闹的地方，她看到所有人投给她的都是惊讶的目光，她听到人们在议论说，没想到这个街区还有如此漂亮的女孩子，她是谁家的孩子呢？

女孩又一次遇到了自己暗暗喜欢的那个男孩，那个男孩竟然叫住她说："今天晚上，我能不能荣幸地请你做我圣诞舞会的舞伴？"

女孩简直心花怒放！她想我索性就奢侈一回，用剩下的二美元回去再给自己买点东西吧。于是，女孩又一路飘飘然地回到了小店。

刚一进门，那个老太太就微笑着对她说："孩子，我知道你会回来的，你刚才撞到我的时候，这个头花也掉下来了，我一直在等着你来取。"

这个女孩是幸运的，一个小小的发饰就帮她找回了自信。但在生活中，却有许多人沉溺于自卑中而不能自拔。比如，一位经营者认为自己没有读过MBA，经营能力不如别人，更不敢抓住机会去扩大经营规模；年轻女子迷人可爱，但与邻居的女孩相比较后，便对自己的社交能力颇失望……这些人本来极为优秀，但在内心却憎恶自己，他们内心焦虑不安，没有自己的主见，总是用别人的判断标准扼杀了自己的信心。

心灵启迪

只要正确、客观地认识自己，相信自己的能力，自信就会回到我们身上，而有了自信，我们的人生才会美丽。

抓住希望

希望像一盏小小的灯火，让我们在苦难中看到光明和美好的一面——只要放开握着的手，就可以拥有自由跳跃的命运。希望可以帮助我们在内心产生一种力量；希望让我们相信现在的悲惨和不如意是可以转化的；希望就像在广阔的荒原中看见远处有一丛繁盛的花。

抓住希望之手

古时候，有位将军不慎犯了死罪，被带到皇帝的面前。皇帝知道这位将军忠诚于国家，便决定给他一个可能活命的机会，但前提是必须回答皇帝提出的一个难题。

将军低着头等待着皇帝的问题。

皇帝威严地走到他面前，伸出一只握着的手，说："我的手中有一只蛐蛐，你猜猜看，它是死是活呢？"

聪明的将军看穿了皇帝的心意，脸色苍白地说："尊贵的皇帝啊，我和蛐蛐的死活都在您的手中呀！"

皇帝听了仰天大笑，张开手，蛐蛐一跳便逃走了。开心的皇帝亲自为将军打开了镣铐，原谅了他的过失。

故事中的蛐蛐就像我们的命运，皇帝正是我们自己。

这只大手也叫“希望之手”。

有了希望，你可以加快你的前进步伐；有了希望，你可以忍受暂时的苦痛；有了希望，成功也即将而至。

怎样才有希望呢？怎样才能把握希望呢？

首先，要以开放的心态、广阔的胸怀来面对人生。

皇帝的手掌放开了，蛐蛐才得以跳出去；皇帝的心胸放开了，才能包容将军的过失。我们可以用一种坦然的态度去承受人生的悲苦，让所有不愉快的事情慢慢地在记忆里消失，只当作一次经验或者一个过程的记录吧。从此海阔天空，心便更自由了。

其次，我们要学习感悟人生。

生命是如此川流不息，像车轮的滚动一般，而在生命的轮胎上却找不到一个永恒的据点。

生命是如此迅速地转动着，生老病死在转动着，喜怒哀乐也在不停地转动——一切是那么虚幻不实，过眼刹那即成云烟，为什么还要常常以为悲伤是不会痊愈的呢？

世事是无常的，所以没有永远的悲苦，也没有永久的怨恨，因此美好光明的希望便成了可以实现的目标。

只要有一个希望，我们就能够坚定地走下去，不管路途多么遥远，多么坎坷艰辛，也不管上苍要赋予的苦难有多重，生命还要经历多少的残酷考验。

心灵启迪

有了希望的人生，才是美好的人生。

要尽全力摆脱失落感

生活中，几乎每个人都有失落感。比如晋升不顺利的时候，感情被拒绝的时候，求职无门的时候，考试不顺利的时候，不被领导欣赏的时候……我们有失落感的时候，也正是心情郁闷的时候，因此失落感常常是困扰我们的主要烦恼之一。

关于失落感，英国一位高级女工程师这样叙述了自己的感受。

“近来，我被一种莫名其妙的情绪笼罩着，我徒劳地想摆脱出来。可悲的是我连这种情绪是怎么回事都未弄清楚时，就感觉好像一张大网直扣下来，渺小的我只有在大网之下做着莫名其妙的挣扎和寻找。大学毕业后，我就到现在的单位就职，周围的人因这职位和环境而羡慕我的机遇。但是生活并非如人们想象的那么轻松愉快。在春风得意的背后，深深的精神危机困扰着我。无论繁忙还是悠闲，内心深处总被一种难以遏制的渴望灼痛着，使我无法安宁。”

显然，这就是失落感的表现。这种感觉是被社会遗忘的空虚和茫然，是一种身属其位，却又不知自己生活在哪一个坐标上，心中只有无限的怅惘。心理学家认为产生失落的原因主要有以下两点：

第一，理想与现实相差太远。一个人在生活中找不到适合自己的位置时，便会有一种被生活遗忘的感觉，以为自己是个多余的人。比如失业者的失落感大多是由此引起的。还有一些人总以为自己眼前的工作不适合自己，对文秘不感兴趣，以为自己可以做个部门经理。而实际上他又没有什么专长，这样高不成低不就的状态，只能让他从一个公司跳到另一个公司。最后自己也感慨自己是“心比天高，命比纸薄”。

假想一下，当你对生活抱着那种美梦般的幻想时，在想象的世界里，你好像是国王或王子；你希望拥有一份舒适的工作，最好是某大公司的总裁；你希望有一个幸福的家庭，儿子可爱、女儿美丽，且都聪颖过人……总之，你希望拥有一切美好。

可实际情况又怎样呢？过高的、超出自己实际能力的希望，如美丽的肥皂泡一样轻易地破碎了，于是失落因此而生成。

第二，不适应角色的转变。一个人在失去原来已经习惯担任的角色时，很容易产生失落感。比如一个青年学生在学校生活久了，大学毕业之后必须参加工作。但离开久已默契和合拍的象牙塔式的生活之后，便很难在尘世的喧哗中找到自己的角色。虽然勉强地找到了工作，但未必是适合自己心意的。因此，失落感油然而生。

那么，当自己有了失落感时，应该怎么应对呢？

首先，积极扮演角色。失落者是一种角色的错位。也许你现在担任的角色并不是最适合的，不是一个理想的角色。但不管怎样，对目前的角色都需要积极地扮演。

积极扮演角色会使自己感到充实，因为任何一个角色都是组织中一个不可缺少的环节，积极扮演就会体现出它的作用，个人的价值也会因此而实现。

其次，通过奋斗使自己产生充实感。失落感是因为个人在社会生活中失去了位置，个人的价值找不到实现的方式。要想改变它，不妨证明自己对社会是有用的。

心灵启迪

摆脱失落感，相信自己，一切都只是暂时的。

要出门寻找好运

世界石油大王保罗·盖蒂从小不爱读书，父亲对他很失望。他给了儿子500美元，对他说："这是给你打天下的本钱。两年内，我每个月只能给你100美元做生活费。"

"如果赚不到100万美元，我永远不回来。"保罗发誓说。

保罗带上简单的行李，踏上东去的火车，只身一人来到俄克拉荷马州的塔尔萨镇。

这里被称为"冒险家的乐园"，许多人来此挖掘石油，以求一夜暴富。当时，挖掘石油是一个很冒险的行业。如果发现了大油田，你就会马上成为百万富翁；但是假如接连打了几口滴油不见的干井，你就只能倾家荡产。保罗环顾四周，一切都很陌生，各种各样的人都在这儿，都为了寻找石油而来。

在这里，很多人建立了石油公司，专门开采石油。同这些人相比，保罗不过是个名不见经传的年轻人。然而，他却没有被吓倒，决心一试身手。当时一个已经赚足了钱的石油大王伯恩达吹嘘道："一个人要想凭借石油发财，就一定要靠运气，除非他能闻出石油，即使在3000英尺以下也能闻得出来。"

对此，保罗很不服气，他认为，虽然发现石油要靠运气，可运气不是坐着等就会上门的，要自己动手去找，才能碰到好运气。

1915年冬季，保罗得到一个消息：南希泰勒农场的地皮要拍卖。

他怦然心动，不少人都说那块地皮下一定有石油。于是，他马上开车奔赴现场。走了一圈，他凭直觉猜测那块地很可能蕴藏着丰富的石油，可保罗兴奋不起来，一场激烈竞争是免不了的，保罗心想："如果公开竞争，我是不会赢的，我只有500美元啊！怎么办？靠硬拼是不行的。"

一心要做石油大亨的梦想促使他想了一个谁都不敢想象的办法。保罗来到他存款的银行，要求派代表替他喊价。他故意神秘兮兮，装出不肯透露谁是真正的买主的样子。在他的游说下，银行的一位高级职员同意到时候和他一起前往。

公开拍卖开始了，银行高级职员首先举牌，引起在场的人一阵惊讶和骚动。一些向银行借钱的人不作声了，和银行没有借贷关系的人低声议论，来者不善啊！最后，保罗以500美元的价钱买下了这块地皮的石油开采权，那只是报价的1／3。

接着，保罗迅速雇人架设起铁架和钻井，钻头开始伸向地下。

终于，在井下400多米深的地方，出现了一层带有油渍的沙土，这意味着，这口井里有没有油，将会在24小时内揭晓。

第二天，他的油井钻出了石油。

保罗·盖蒂注定会成为石油大亨。因为在激烈的竞争中，他没有被那一群腰缠万贯的大亨们吓倒，更没有因为囊中羞涩而黯然退出。他要成为人人敬仰的石油大亨，尽管他的口袋里只有可怜的500美元的投资资金。

500美元买来一个石油大亨——这就是不坐等好运，自己去寻找好运所创造的奇迹！

心灵启迪

机会之神就在身边，不能坐等，没有机会要学会创造机会。

抱怨命运不如抓住机会

艾略特曾说："对于不会利用机会的人，抱怨命运又有什么用呢？一个不受胎的蛋，是要被时间浪潮冲刷成废物的。"一味抱怨而不行动，就是错失做事的最好时机，就会让好运从自己眼前溜走。

有一天，一位猎人带着袋子、弹药、猎枪和猎狗出发了。虽然他的妻子一再劝他在出门之前把弹药装在枪筒里，但他还是扛着空枪就走了。

"废话！简直可笑到了极点，"猎人大声地嚷道，"难道以前我没有去过吗？哪一回出去我是空着手回来的？从家里到达打猎的地方，还得走上一个钟头呢，即使我要装100回子弹，也有的是时间。哼！你这爱啰唆的女人。"

仿佛命运女神在嘲笑这位猎人的想法似的，当他还没有走过自家的玉米地，就发现一大群野鸭密密麻麻地浮在玉米地旁的河面上，这时猎人一枪就能打中六七只，毫无疑问，这已足够他吃上一个礼拜的——如果他出发时在枪筒内填装好了子弹的话！

现在，猎人匆匆忙忙地填装着子弹，可是野鸭群中发出一声尖锐地鸣叫，"轰"的一下全飞了起来，高高地在树林上方排成长长的一列，很快就飞得看不见了踪影。

猎人徒然穿过玉米地，来到一片树林里，四处搜索着。可是树林是个荒凉的地方，他连一只麻雀也没有发现。

真是糟糕透了！一桩不幸又惹起了另一桩不幸：霹雳一声，大雨倾盆而下。猎人浑身被雨浇了个透，样子非常狼狈。此时，猎人饥肠辘辘，袋子里空空如也，只好拖着疲惫的脚步走回家去了。

这样的结局，谁都知道问题出在哪里。然而，猎人埋怨的不是他自己——而是命运！

假如这位猎人出发前已在枪膛里填装好了子弹，那么，他的收获将是可观的。但他却拖延着，以致好运与他擦肩而过。成功者都有这样的体会，机会不能靠等待，而是要积极主动地去创造。“没有机会”只是那些失败者为自己找的理由。事实上，幸运女神经常光顾那些勇于创造机会的人。

很多时候，机会常常披着一件困难的外衣，你一定要撕破这件外衣，并抓住那些可以成为伟大的时刻。要知道机会不会天天光临，即使来了，也会迅速从你眼前消失。因此，要迅速抓住，否则，你放弃的每一个机会，都会成为别人的财富。

心灵启迪

只有利用好机会，才能把命运掌握在手中。

追逐梦想

一位成功学家曾说："明确的奋斗目标是我们行动的依据。没有目标，我们的热忱便无的放矢，无处依归。有了明确的奋斗目标，我们才会有斗志，才能开发我们的潜力，才能把我们带到成功的彼岸。"的确，生活中那些有理想、有追求、有上进心的人，一定都有一个明确的奋斗目标。因此，我们应该懂得自己活着是为什么，并且围绕着一个明确的长远的目标进行努力，这样才有可能取得卓越的成就。

有愿望的人才能走得远

到法国去旅游的游客，很多人都喜欢去邮差薛瓦勒之理想宫，去看那一个个风格迥异的城堡。为什么这个旅游景点如此吸引人的目光呢？这其中的秘密不是它拥有某一个侯爵留下的故居，也不是它有现代化的人工景点，它最大的魅力来自于它传奇般的建筑过程。

一百多年前，一位名叫薛瓦勒的乡村邮差每天徒步奔走在乡村之间。有一天，他在崎岖的山路上被一块石头绊倒了。

薛瓦勒起身，拍拍身上的尘土准备再走。可是他突然发现绊倒他的那块石头的样子十分奇异。他拾起那块石头，左看右看，便有些爱不释手了。于是，薛瓦勒把那块石头放在了自己的邮包里。

村子里的人看到他的邮包里除了信之外，还有一块沉重的石头，感到很奇怪，人们好意地劝他："把它扔了吧，你每天要走那么多路，这可是个不小的负担。"

薛瓦勒却取出那块石头，炫耀着说："你们谁见过这样美丽的石头？"

人们都笑了，说："这样的石头山上到处都是，够你捡一辈子的。"

薛瓦勒回家后疲惫地睡在床上，突然产生了一个念头，如果用这样美丽的石头建造一座城堡那将会多么迷人。于是，他每天在送信的途中寻找石头，每天总是带回一块。不久之后，薛瓦勒便收集了一大堆奇形怪状的石头，但建造城堡还远远不够。

为了更方便地收集石头，薛瓦勒开始推着独轮车送信，只要发现他中意的石头都会往独轮车上装。

从此以后，薛瓦勒再也没有过上一天安乐的日子。白天，他是一个邮差和一个运送石头的苦力；晚上，他又是一个建筑师，他按照自己天马行空的思维来垒造自己的城堡。

对于薛瓦勒的行为，所有人都感到不可思议，认为他的精神出了问题。

在接下来的二十多年时间里，薛瓦勒不停地寻找石头，搬运石头，堆积石头。在他的偏僻住处，出现了许多错落有致的城堡，当地人都知道有这样一个性格偏执沉默不语的邮差，在干一些如同小孩子筑沙堡的游戏。

后来，法国一家报纸的记者偶然发现了这群低矮的城堡，这里的风景和城堡的建筑格局令他叹为观止，他为此写了一篇介绍薛瓦勒的文章。文章刊出后，薛瓦勒迅速成为新闻人物。许多人都慕名前来参观城堡，连当时最有声望的毕加索也专程参观了薛瓦勒的建筑。

现在，在城堡的石块上，薛瓦勒当年的许多刻痕还清晰可见，有一句就刻在入口处一块石头上：“我想知道一块有了愿望的石头能走多远。”据说，这就是那块当年绊倒过薛瓦勒的石头。

当一块石头有了愿望后，准确地说，是赋予了人的愿望后，它便有了生命，因为它承载了一个人的理想。

如果没有理想，我们的人生绝不可能辉煌；如果没有愿望，在我们的精神生活中则没有了阳光。一块有了愿望的石头能走得很远很远，甚至能成为人们眼里最美的风景，何况一个有了愿望的人呢？

心灵启迪

有了理想，便有了追求的目标，有了追求的目标，我们的一生就不会虚度，无论做什么，我们都会朝那个目标前进。

为自己树立一个大目标

渴望成功几乎是每个人的梦想，不过，走向成功的第一步就是要为自己制定目标。如果你追求的是大目标，你就不会满足于现状，你就会奋斗不息、追求不止。伟大的目标可以产生伟大的动力，伟大的动力导致伟大的行动，伟大的行动必然会成就伟大的事业。

唐朝的时候，在长安城西的一家磨坊里有一匹马和一头驴子。它们是好朋友，经常在一起谈心。马负责为主人拉车运货，驴子的工作是在屋里推磨。几年后，这匹马被玄奘大师选中，接受了一项艰巨的任务，与大师一起动身去天竺国大雷音寺取三藏真经。

13年过去了，这匹马跟着大师经历了千辛万苦，驮着佛经回到长安。大师受到重赏，而马也被人们精心打扮一番与大师形影不离，跟随大师去全国各地讲经。不久，朋友见面，老马跟驴子谈起了旅途的经历：浩瀚无边的沙漠、高入云霄的峻岭、火焰山的热浪、流沙河的黑水……驴子听了神话般的故事，大为惊异。

驴子惊叹说："马大哥，你的知识多么丰富呀！那么遥远的路程，那种神奇的景色，我连想都不敢想。"

马思索了一下，感叹道："老弟，其实这几年来我们走过的路程是差不多的。"

驴子不理解："哪里？我可是一点儿见识都没有长！"

马说："你想，我在往西域走的时候，你不是一天也没有停止拉磨吗？不同的是，我同玄奘大师有一个遥远而明确的目标，始终按照既定的方向前进，所以我们开了眼界；而你却被人蒙住了眼睛，一直围着磨盘打转转，所以总也无法走出这片狭隘的天地。"

没有大目标的人，无论在生活中还是在事业上，都容易随波逐流。而胸怀大目标的人，既不会被眼前小小的成功所陶醉，也不会被暂时的挫折所吓倒。他们心中十分清楚，在实现目标的过程中，肯定会遇到一些艰难险阻。假如障碍轻而易举就能排除，那就证明自己的目标定得太低。

事实上，目标愈远大，愈能激起一个人的斗志。

在某次运动会上，小鹿参加了跳远比赛，可在预赛时，他怎么也跳不出心中理想的成绩，有时甚至跳得比一些初学者还近。

“教练，我该怎么办？”小鹿只好去向一旁的教练请教。

“记住，你并非是技不如人。”教练指着前方，“跳远的时候，眼睛要看着远处，你才会跳得更远。”

可见，我们无论干什么，都要为自己树立一个大目标，才能获得大成功。只有制订远大的目标，才会有崇高的意义，才能开发一个人潜在的能力。正如戴高乐将军所言：“眼睛所看着的地方，就是你会达到的地方。”唯有伟大的人才能成就伟大的事，他们之所以伟大，是因为决心要做出伟大的事。

我们在设定目标时，要选择那些有一定的难度，但对你又有足够的吸引力的，这样，你就会竭尽全力地去完成，当心动的目标与必然能够实现的信念合二为一时，成功就离我们不远了。

心灵启迪

小目标，小成功；大目标，大成功。

世界为有目标的人让路

明确的奋斗目标是我们行动的依据。没有目标，我们的热忱便无的放矢，无处依归。的确，生活中那些有理想、有追求、有上进心的人，一定都有一个明确的奋斗目标。因此，我们应该懂得自己活着是为什么，并且围绕着一个明确的长远的目标进行努力，这样才有可能取得卓越的成就。

爱因斯坦是20世纪最伟大的科学家。他所取得的成就，是世界公认的。他之所以能够取得如此令人瞩目的成就，和他一生具有明确的奋斗目标是分不开的。

爱因斯坦小学、中学的学习成绩平平，虽然他有远大的理想，但他也有自知之明，知道凡事必须量力而行。他在进行自我分析时认为：自己虽然总的成绩平平，但对物理和数学有兴趣，成绩较好。因此只有在物理和数学方面确立目标才能有出路，其他方面是不及别人的。因而他读大学时选读瑞士苏黎世联邦理工学院物理学专业。

由于奋斗目标选得准确，爱因斯坦的个人潜能就得以充分发挥，他在26岁时就发表了科研论文《分子尺度的新测定》。以后几年，爱因斯坦又相继发表了四篇重要科学论文，发展了普朗克的量子概念，提出了光量子除了有波的性状外，还具有粒子的特性，圆满地解释了光电效应，宣告狭义相对论的建立和人类对宇宙认识的重大变革，取得了前人未有的显著成就。可见，爱因斯坦确立目标的重要性。假如他当年把自己的目标确立在文学上或音乐上，恐怕就难于取得像在物理学上那么辉煌的成就。

可见，成功者总是那些有明确目标的人，鲜花和荣誉从来就不会降临到那些没有目标的人的头上。

研究表明，芸芸众生中，真正的天才与白痴都是极少数的，绝大多数人的智力都相差无几。然而，这些人中却有的事业有成，有的却碌碌无为。本来智力相近的人们，为什么其成就却有着天壤之别呢？

某权威结构曾就这一问题在一群智力与年龄都相近的优秀年轻人之中进行过一次关于人生目标的调查，调查结果如下：

3%的人有自己清晰的目标，后来他们几乎都成了社会各界的精英、行业领袖；10%的人有清晰但比较短期的目标，后来他们几乎都是各个领域的成功人士，生活在社会的中上层，事业有成；60%的人只有一些模糊的目标，后来他们基本上属于社会的大众群体，生活在社会中下层，事业平平；27%的人没有目标，后来他们过得很不如意，工作不稳定，常常怨天尤人。

由此可见，明确而清晰的目标对于一个人的成功起着至关重要的作用，而生活中的那些失败者，大多数是没有明确目标的人。

玛丽娅大学时常在报刊上发表文章，又是天生的运动健将，凭着聪明和美丽，她被选为校刊的编辑和女子篮球队的队长。无论做什么，玛丽娅都能做得十分出色。大学毕业时，玛丽娅希望自己成为编辑——一个富有魅力又受人尊重的职位。于是，凭着自己的实力和出色的表现，玛丽娅很快在伦敦的一家杂志社找到了工作。但是，一开始她只能担任助理编辑的工作。

作为助理编辑，玛丽娅的工作重点是核查拟用文章中的事实和引证，这是紧张又不讨好的工作。作家和高级编辑在拿出文章发表之前很少去核查事实或挑错。但是一旦出错，助理编辑就会受到严厉的批评，而且还必须写解释信说明自己的疏忽。因此，这是那种只有在出错时才会被注意到的工作。不过，核查事实的工作如果做得好，一年以后就可以作为记者出去采访那些作家想写进故事中而自己没有时间采访的对象。一个成功的记者就有机会发表自己的作品。然而，玛丽娅只做了4个月就辞职了，因为她觉得助理编辑的工作离她的目标——高级编辑太遥远了。

辞职后的玛丽娅很想成为一名女子篮球队教练。几经努力后，她回到了母校担任了大学女子篮球队的助理教练。但刚干了半年，玛丽娅又辞职了。“大学女子篮球队平时还是以学习为主，我在那里几乎无用武之地。所以我辞职了。”玛丽娅对她的家人和朋友这样解释说。

接下来，玛丽妞又进入一家销售公司，并发誓要成为世界上最伟大的推销员。可是，诚如大家所料，玛丽娅做了一年，又辞职了。

现在，玛丽娅逢人就抱怨自己运气不好，既成不了高级编辑，又无法成为篮球教练，更无法实现成为最伟大推销员的梦想。

事实上，玛丽娅之所以无法实现自己的目标，并非是其运气不好，而是因为她的目标太多。正如一位著名人士所言：“两个以上的目标等于没有目标。”事实的确如此，假如玛丽娅有明确的奋斗目标，并付出努力，那么今天她很可能已是一名受人尊重的高级编辑，或是一名职业篮球教练了。

一个人只有制定明确的奋斗目标，才能产生前进的动力。目标不明确，行动起来也就有很大的盲目性，就有可能耽误时间和影响自己的个人发展前途。

不过，在制定目标时要注意以下几点：

首先，对每一个渴望成功的人来说，制订的奋斗目标都要与自身情况相符。制定目标时，首先要充分估计自身的素质，并对周围的环境有一个清楚的认识，制定的目标要符合自身的实际情况，这样才能沿着正确的方向前进，否则，就会劳而无功。

其次，目标制定后，要立即付诸行动，并且拟定与目标相关的必须做的所有工作的日程表，比如，你决定两年内当上技术部的经理，那么你就要写下今年要达到的目标，再订出每个月要实现的目标，以及每周、每天要做的事。如只有计划而不行动或所作所为没有为目标服务，那么最终也会碌碌无为。

在实现目标的过程中，肯定会遇到困难。这就要求我们坚持下去，要按计划有步骤地做下去，要用看得见的目标不断地鼓励自己，而不是放弃。

心灵启迪

只要有了明确的奋斗目标，就会有斗志，就能激发一个人的潜力，就能把我们带到成功的彼岸。

做一个追梦的人

百灵鸟在成为歌王之前，还是一个胸怀大志却默默无闻的小鸟儿，但它相信自己的能力，它有一种强烈的欲望，它最大的愿望是和当时的歌王夜莺一起登台唱歌。

百灵鸟从遥远的山头飞到夜莺所在的拉迪山时，因一路风尘，羽毛已失去光泽，在其他鸟儿的眼里，它就像一个流浪者。但百灵鸟没有在意其他鸟儿的嘲弄与讥讽，因为，它心里怀着一种非常强烈的像梦又像希望的异乎寻常的东西，这东西在它心里熊熊燃烧着，促使它去行动，去叩响夜莺家的大门。

夜莺被百灵鸟的精神感动，同意以后有机会带它上台演出，但前提条件是要百灵鸟先拜它为师，跟它学习一段时间的基本乐理后，再考虑让它上台一展歌喉。

百灵鸟同意了，为了把梦想变成现实，它觉得什么样的付出都值得，它明白所有的努力和付出都是为了实现自己的目标。

一年后，百灵鸟终于和夜莺同台演出了，它优雅的歌声征服了所有听众的心，有人甚至认为它的歌声能与夜莺相媲美。

百灵鸟终于让自己的梦想变成了现实，它之所以能够成功，就是因为它把梦想在内心深处转化为一种自我激励的驱动力。

“梦”在大多数时候是指我们的理想、追求的目标，或是美好的期待。因此，做一个追梦的人比精神空虚者要强得多。没有梦想的人生一定是灰暗的人生。当然，有了理想就要行动，否则就是空想、幻想。

事实上，过分沉湎于空想的人必定是一个有严重逃避倾向的人。具有这种思想的人，虽然有远大的理想，但由于行动上一再拖延，或者根本就不愿行动，因此，他只有在虚无中寻求一种心理上的自我满足。

心灵启迪

要想让梦想成为现实，就要付出百分之百的努力。

第七章 做情绪的主人

只有在有良心和羞耻心的良好基础上，人的心灵中才会产生良知。良心，就是无数次发展为体验、感受的知识，正是在它的影响下，必然会派生羞耻心、责任心和事业心。

——苏霍姆林斯基

生活中有很多事例启示我们，不论在什么情况下，问题都可能随时发生，这是对你的一种考验。如果只会推卸责任、怨天尤人，那只能让自己陷入孤立无援的境地。相反，热爱生活，调整好自己的情绪，以豁达的姿态处理问题，就会赢得尊重，人生就会变得快乐。

热爱生活

在困难面前，你首先要正视它，才能战胜它。有了战胜困难的决心，再加上坚持不懈的努力，你就会发现，困难一点也不可怕。生活其实很简单，无论是残疾还是病痛，只要你热爱生活、热爱生命，人生就会变得快乐。

让自己活得快乐一些

查利曾经是一家汽车公司的职员，工作勤奋，一次意外使他的右眼受伤，最后不得不摘除右眼球。

原本乐观向上的查利变得沉默寡言，因为眼睛变得丑陋，他害怕那么多投过来的目光，他拒绝上街。

公司给他的假期一次次延长，所有家庭的负担最终落在了妻子露丝的身上，她爱丈夫，爱这个家，她想让这个家和以前一样温馨快乐。除了白天的正职，晚上她还找了一份兼职工作，露丝认为，只要自己努力，查利心中的阴影一定会消除，那只是时间问题。

也许上天跟查利开了一个很大的玩笑，在他的右眼失去后，左眼的视力也受到了影响，一个阳光灿烂的早晨，儿子正在院子里踢球，在以前，即使再远，查利也会看清那是自己的儿子，而那天，查利竟然问妻子，是谁在院子里踢球。

露丝什么也没有说，只是走近丈夫，轻轻地抱住他的头。查利知道自己的状况，轻轻地说：“亲爱的，我已经意识到了以后会发生什么。”露丝的脸上已满是泪水。

其实，露丝早就知道这个后果，只是她不想看到丈夫受那么大的打击，所以要求医生不要告诉他真相。而当查利知道自己将要失明后，反而安静了，这让露丝感到奇怪。

露丝知道丈夫能看见这个世界的日子已经不多了，她每天把自己和儿子都打扮得漂漂亮亮，一家人出去游玩。在查利面前，无论她心里有多么悲伤，脸上总是带着微笑，她想为丈夫留下最美好的一面。

几个月过去了，查利的视力一天比一天差，一天他对妻子说：“你才买的套裙看起来太旧了。”

露丝只能装作自己买的裙子颜色不好，其实她那件套裙的颜色在太阳底下绚丽夺目。

露丝想，自己到底还能为丈夫留下什么呢？

第二天，露丝请来一个油漆匠，要他把家具和墙壁重新粉刷一遍，他要让查利的心里永远都记得家的模样。

油漆匠很认真地粉刷着，一边干活一边吹着口哨。一个星期，把所有的家具和墙壁刷好了，而且，他还知道了查利的情况，算工钱的时候，油漆匠对查利说：“很抱歉，我干得很慢。”

查利说：“你天天那么开心，我也感到高兴。”

查利把工钱给了油漆匠，露丝看见了，对查利说：“你少算工钱了。”

油漆匠说：“我已经多拿了，一个等待天明的人还那么平静，我明白了什么叫勇气。”

查利坚持让露丝多给油漆匠100美元，查利说：“你让我知道了，原来残疾人也可以自力更生，生活得很快乐。”

原来油漆匠只有一只手。

大海里生活的鱼不会因为一点点的风浪就惊慌失措；而小溪里的鱼，只要感觉到一点点的异常，就会立刻逃散，人也是如此。

心灵启迪

豁达的姿态，体现出一个人广阔的胸怀和宽大的气度。

拥有热爱生命的热情

生命是宝贵的，也是美好的。生命是晴天里的一轮太阳，五光十色，分外耀眼。砖缝中顽强生长的小瓜苗、绝境中奋力求生的飞蛾、花丛中感受春光的盲姑娘……这一幅幅动人的画面，无不展示着对生命的热爱。

在我们身边有许多热爱生命的人。辛勤培育我们的老师、守卫祖国边疆的解放军、勇敢面对病魔的白衣战士……他们用劳动去创造美好的生活，也使自己的生命充满光彩。

海伦·凯勒曾经说过：“无论处于什么环境，都要不断努力。”张海迪就是这样的一个人。

张海迪5岁时因患脊髓炎血管瘤，高位瘫痪，因此她没进过学校，童年就开始以顽强的毅力自学知识。通过自强不息、坚持不懈的努力，她先后自学了小学、中学、大学的课程。张海迪15岁时，随父母来到莘县一个贫穷的小山村。但是她没有惧怕艰苦的生活，而是以乐观向上的精神奉献自己的青春。在那里给乡下的孩子教书。还克服种种困难，学习医学知识，热心地为乡亲们针灸治病，受到了乡亲们的赞誉。

她这种热爱生命的精神令人震惊。张海迪患了那么重的病，不但没有放弃生命，而且还坚强地面对生活。

一个有意义的生命是多种形式的，可以是为人奉献，可以是知难而进，可以是诚实守信，可以是拥有尊严……有意义的生命，都会让你的名字闪光。

张海迪热爱生命的精神令我们感动，我们要学习她顽强的毅力、自强不息的精神。生命只有一次，让我们珍惜生命，创造生活、创造未来，让有限的生命体现出无限的价值。

有一个叫黄美廉的女子，从小就患上了脑性麻痹症。这种病的症状十分惊人，因为肢体失去平衡感，手足会时常乱动，口里也会经常念叨着模糊不清的词语，模样十分怪异。医生根据她的情况，判定她活不过6岁。在常人看来，她已失去了语言表达能力与正常的生活条件，更别谈什么前途与幸福。但她却坚强地活了下来，而且靠顽强的意志和毅力，考上了美国著名的加州大学，并获得了艺术博士学位。她靠手中的画笔，还有很好的听力，抒发着自己的情感。在一次讲演会上，一位学生突然这样提问：“黄博士，你从小就长成这个样子，请问你怎么看你自己？你有过怨恨吗？”在场的人都暗暗责怪这个学生的不敬，但黄美廉却没有半点不高兴，她以一句话作结论：“我只看我所有的，不看我所没有的！”

心灵启迪

人生可以没有很多东西，却唯独不能没有希望。希望是人类生活的一项重要的价值。有希望之处，生命就生生不息！

点燃心灵火花

我们不应该根据人们现在从事的工作来对他进行评判。在确切地了解一个人的理想和抱负之前，我们无法对一个人轻易地下结论。判断一个人的标准应该是看他所拥有的抱负和确立的目标。

44年前，洛杉矶郊区有一个15岁的小男孩，他那时候没有见过任何世面，所以，他给自己拟定了一个表格，上面列出了自己的梦想清单：到尼罗河、亚马孙河和刚果河探险；登上珠穆朗玛峰、乞力马扎罗山和麦特荷恩山；驾驶大象、骆驼、鸵鸟和野马；探访马可·波罗和亚历山大一世走过的路；主演一部像《人猿泰山》那样的电影；驾驶飞行器起飞降落；读完莎士比亚、柏拉图和亚里士多德的著作；谱一部乐谱；写一本书；游览全世界的每一个国家；结婚生子；参观月球……

那就是他一生的目标，他把表格上的每一项目标编了号，共有127个目标。

16岁的时候，他跟随父亲到佐治亚州的奥克费诺基大沼泽和佛罗里达州的埃弗格莱兹探险，于是，他表格上的第一个目标完成了。

从那以后，他逐个地按照顺序实现目标，在他59岁的时候，表格上的127个目标中有106个已经完成了。

这个美国人叫约翰·戈达德，一生之中获得了一个探险家所能享有的荣誉，其中包括成为英国皇家地理协会会员和纽约探险家俱乐部的成员。

约翰·戈达德是一个伟大的人，一生都在追逐自己的梦想，他真正地拥有了这个世界。

有人惊讶地追问他是凭借着怎样的力量，把那些注定的不可能都踩在脚下，让他把那么多的绊脚石都当作了攀登的基石，他微笑着回答：“很简单，我只是让心灵先到那个地方，随后，周身就有了一股神奇的力量，接下来，就只需沿着心灵的召唤前进好了。”

在一个人的日常活动中，我们可以发现某些预示着他的未来的东西。他做事的风格，他对工作的投入程度，他的言行举止——所有的一切都预示着他会拥有什么样的未来。当我们看到一个工作兢兢业业，想方设法地使每一件事都做得尽善尽美，以自己的努力和成就为荣，并在此基础上积极寻求进一步的发展和提高的人时，相信他总有一天会崭露头角。

心灵启迪

一个人，只要他具备毅力、恒心和信念，一定能够成为一个杰出人物。

学会以微笑面对人生

微笑是上帝赐给人的专利，微笑是一种令人愉悦的表情。面对一个微笑着的人，你会感到他的自信、友好，同时这种自信和友好也会感染你，使你油然而生出自信和友好来使你和对方亲切起来。

微笑是一种含意深远的身体语言。微笑是在说：“你好，朋友！我喜欢你，我愿意见到你，和你在一起我感到愉快。”微笑可以成为鼓励对方的信心，微笑可以融化人们之间的陌生和隔阂。当然，这种微笑必须是真诚的、发自内心的。正如英国谚语所说：“一副好的面孔就是一封介绍信。”微笑将为你打开通向友谊之门，如果我们想要发展良好的人际关系，建立积极的心态，那么我们就非要学会微笑不可。

威廉·史坦哈已经结婚18年多了，在这段时间里，从早上起来，到他要上班的时候，他很少对自己的太太微笑，或对她说上几句话。史坦哈觉得自己是百老汇最闷闷不乐的人。

后来，在史坦哈参加的继续教育培训班中，他被要求准备以微笑的经验发表一段谈话，他就决定亲自试一个星期看看。

于是从周一开始，史坦哈要去上班的时候，就会微笑着对大楼的电梯管理员说一声“早安”；他以微笑跟大楼门口的警卫打招呼；他对地铁的检票小姐微笑；当他站在交易所时，他对那些以前从没见过自己微笑的人微笑。

史坦哈很快就发现，自己微笑对人，每个人也对他报以微笑。他以一种愉悦的态度，来对待那些满肚子牢骚的人。他一面听着他们的牢骚，一面微笑着，于是问题就容易解决了。史坦哈发现微笑带给了自己更多的收入，每天都带来更多的钞票。

史坦哈跟另一位经纪人合用一间办公室，对方是个很讨人喜欢的年轻人。史坦哈告诉那位年轻人自己最近在微笑方面的体会和收获，并声称自己很为所得到的结果而高兴。那位年轻人承认说：“当我最初跟您共用办公室的时候，我认为您是一个非常闷闷不乐的人。直到最近，我才改变看法：当您微笑的时候，充满了慈祥。”

你的笑容就是你好意的信使，你的笑容能照亮所有看到它的人。对那些整天都皱眉头、愁容满面的人来说，你的笑容就像穿过乌云的太阳。尤其对那些受到上司、客户、老师、父母或孩子的压力的人，一个笑容能帮助他们了解一切都是有希望的，也就是世界是有欢乐的。

世界上的每一个人，都在追求幸福。有一个可以得到幸福的可靠方法，就是以控制你的思想来得到。幸福并不是依靠外在的情况，而是依靠内在的情况。如果你不喜欢微笑，那怎么办呢？那就强迫你自己微笑。

心灵启迪

微笑，能改变生活。

培养高贵的心灵

现代人的生活中时常会充满各种各样的压力，如何排解心理压力，保持愉快的心情，已经是人们非常关心的问题了。其实愉快不愉快都是自己的感觉，别人不能帮你愉快，所以只能靠自己去感觉愉快的心情。如果你时刻跟自己说“我很愉快”，你就会发现自己真的觉得愉快了。

放掉心中不良的情绪

缓解压力的另一方面就是在平时学习、工作中对自己不太过苛求。不要把自己的抱负目标定得太高，也不要对自己所做的事要求十全十美，应该根据实际情况把目标和要求定在自己能力范围之内，懂得欣赏自己的成就，心情就会舒畅。

斯匹特是一位年轻的电脑销售经理。他有一个温暖的家和高薪的工作，在他的面前是一条充满阳光的大道，然而他的情绪却非常消沉。他总认为自己身体的某个部位有病，自己快要死了，甚至为自己选购了一块墓地，并为他的葬礼做好了准备。实际上他只是感到呼吸有些急促，心跳有些快，喉咙有些堵。医生劝他在家休息，暂时不要做销售工作。

斯匹特在家里休息了一段时间，但是由于恐惧，他的心里仍不安宁。他的呼吸变得更加急促，心跳得更快，喉咙仍然堵。这时他的医生叫他到海边去度假。

海边虽然有使人健康的气候、壮丽的风景，但仍阻止不了他的恐惧感。一周后他回到家里，他觉得死神很快就要降临。

斯匹特的妻子看到他的样子，将他送到了一所有名的医院进行全面的检查。医生告诉他："你的症结是吸进了过多的氧气。"他立即笑起来说："我怎样对付这种情况呢？"医生说："当你感觉到呼吸困难，心跳加快时，你可以向一个纸袋呼气，或暂且屏住气。"医生递给他一个纸袋，他就遵医嘱行事。结果他的心跳和呼吸变得正常了，喉咙也不再堵了。

他离开这个诊所时是一个非常愉快的人。

此后，每当他的病症发生时，他就屏住呼吸一会儿，使身体正常发挥功能。几个月以后，他不再恐惧，症状也随之消失。自那以后，他再也没有找医生看过病。

许多人感到身体支持不住，往往症结在于心理上，保持愉快的情绪对身体的健康是非常有帮助的。

我们要保持愉快的心情首先就要正确认识压力。人生活在社会中，有压力是正常的事。因此，对平时正常的压力并不需要全面排除。但是，太大的压力、太重的心理负担就要想办法减轻了。在遇到精神困扰时，我们应该学会自我安慰、平息紧张，在多种复杂的情况下能沉着冷静地处理各种事件。

当我们感到压力太大时，还应当主动疏导发泄，如把自己的体验、想法讲给亲人、同事、朋友，让郁闷释放出来，这样就会觉得有所安慰，心情也会变得轻松起来。或者转移注意力，工作之余积极参加文艺或体育活动，可以丰富生活，增加情趣。在心情不愉快时也可外出旅游、逛商店，来调整自己的情绪，达到乐而忘忧。

心灵启迪

“不怕才有希望”，对付困难是这样，对付疾病也是这样。

以豁达面对现实

管理大师德鲁克认为，要调动职工们的积极性，重要的是使职工发现自己所从事的工作的乐趣和价值，能从工作的完成中享受到一种满足感。作为管理者要尊重并保护职工的积极性、主动性，这样职工个人的目标和欲望就实现了，工作和人性两方面得到了统一，就会在团队和组织的发展中实现自己的目标，共同走向成功。

联邦快递，是全球最大快递企业。创始人弗雷德·史密斯曾经骄傲地说：“我们是电脑时代的赫尔默斯(希腊神话中的众神信使)。”的确如此，最早的他们只是传递包裹和信件，而发展到今天，无所不包。凡是你能想到的，他们都可以传递。

开业之初，联邦快递向25个城市提供服务，但公司开始亏损。第一天夜里运送的包裹只有186件。在前26个月里，联邦快递公司亏损2930万美元，欠债主4900万美元，随时可能倒闭。公司的投资者开始动摇，他们想撤走自己的资本，免得最后血本无归。史密斯一边照看公司的业务，一边极力争取更多的资金，并设法安慰那些越来越心存疑虑的投资者，忙得焦头烂额。

可是，公司还是负债累累。为了抵偿公司的债务，弗雷德卖掉了自己的私人飞机，甚至伪造律师签字，从家庭信托基金中提取本属于他两个姐姐的钱；为了改善经营情况，弗雷德竭尽全力争取客户，开拓市场；为得到美国行政总局的合约，联邦快递公司在西部开辟了6条航线。在与其他企业的竞争中，他把价格杀得很低，以致使人怀疑是否还有利润。但弗雷德做这一切都是为了更长久的利益，他认为尽管这笔业务并没有很高的利润，却可以用来充当公司的门面，公司可以借这笔业务向外界表示："看啊，连邮政总局的合约都能拿到手，对联邦快递公司的服务还有什么不放心的。这样做不仅让投资者放心，还可以争取更多的用户。"

他的不屈不挠、对前途的无限信心以及十足的勇气，吸引了联邦公司的雇员，他们心甘情愿、同舟共济来渡过难关，他们为了公司的利益做出了许多令人感动和别具一格的事迹。送货人可以抵押自己的手表来购买汽油；当执法官来查扣鹰式飞机时，职工把飞机藏起来；面对公司一度达到的每天80万件额外包装件，数千名雇员们自愿在午夜之前来到货仓，连夜清理堆积如山的货物。

深受感动的弗雷德曾经在报纸上用整整10个版面表达对工人们的感谢，并用军人的敬礼来结束感谢词。他说："你们的工作非常出色，你们对自己的事业具有高度的责任感。"这无疑是对员工的最高嘉奖。弗雷德对工人更是给予了更大的物质报答，不仅这样，他还承诺不裁员、最高工资、利润共享、管理人员的股份权等政策，使公司成为凝聚力最好的公司之一。

现在，还有许多来自世界各地的商业人士愿意支付250美元，花几个小时参观联邦快递公司在孟菲斯的总部。即使是那些认为合作信义精神不复存在的悲观者，在那里也会被那些热情诚恳、士气高昂的雇员们所感动。

皇天不负苦心人，形势的发展终于开始朝着有利于联邦快递的方向发展。随着航空运输业的迅速发展，一些主要的运输公司严重地缺少运载工具，所以集中力量开展主要城市，而放弃了许多小城市的运输业务。结果是，这些公司不能再为自己原来的小型货物客户提供服务，从而为联邦快递公司填补空缺铺平道路。另外的一个好运气是，1974年，由于老对手联合包裹运输公司的员工长期罢工，终于使铁路快运公司破产。这两件事都为联邦快递公司提供了发展公司业务、改善公司状况的好机会。

联邦快递的成功并不是弗雷德一个人的成功，它是由公司中的每一个员工创造的，而弗雷德明白员工的重要性，他把公司所有的利益都与员工的工作挂钩，促使员工努力工作。

心灵启迪

以豁达的心情面对现实，就能够有良好的心态去坦然面对荣辱、得失。

把自卑踩得粉碎

有自卑心理的人总是用别人的眼光来过低地评论和挑剔自己，把自己限制在一个劣于他人的境地，认为自己与世间那些美好的事物无缘，给自己设置一连串的“不可能”：不可能像别人那样出色，不可能有那么大的作为，不可能取得那样大的成功……其实，这个世界上，在你周围的人群中，比你强的并没有你想象的那么多。

丽莎是来自美国阿肯色州的学生，也是她所在镇里唯一来哈佛读书的人。在她准备启程到哈佛大学前，当地的人都为她能到哈佛上学而感到自豪，她自己也庆幸能有这样好的机遇。

但是，丽莎的兴奋劲还没过，就忽然对自己的感觉越来越糟糕了。她在哈佛过得很辛苦，上课听不懂，说话带土音，许多大家都知道的事自己却一无所知，而许多她知道的事大家却又觉得好笑。她开始后悔自己到哈佛来。她不明白自己为什么要到哈佛来受这份羞辱，同时更加怀念在家乡的日子，在那里，可没有人瞧不起她。

感到孤独无比的丽莎，觉得自己是全哈佛最自卑的人。无奈之下，她求助于心理咨询。

心理医生对她是这样诊断的：

她已跨入了个人成长的“新世纪”，可她对已经过去了的“旧世纪”仍恋恋不舍。

她对于生活的种种挑战，不是想方设法加以适应，而是缩在一角，惊恐地望着它们，哀叹自己的无能与不幸。

她对于能来哈佛上学这一辉煌成就已感到麻木不仁。她的眼睛只盯着当前的困难与挫折，没有信心再去造就一次人生的辉煌。

她习惯了做羊群中的骆驼，不甘心做骆驼群中的小羊。

她以高中生的学习方法去应付大学生的学习要求，自然是格格不入，可她抱残守缺，不知如何改变。

她因为自己来自小地方，说话土里土气，做事傻里傻气，就认定周围的人在鄙视她，嫌弃她。可她没有意识到，正是因为她的自卑，才使周围人无法接近她，帮助她。

她生长在中南部地区，来东海岸的波士顿求学，面临的是一种乡镇文化与都市文化的冲突，她没有想到，哈佛对她来说，不仅是知识探索的殿堂，也是文化融合的熔炉。

她身材瘦小，长相平常，多年来唯一的精神补偿就是学习出色。可眼下，面临来自世界各地的“学林高手”，她已再无优势可言。

她长相平庸，学习又平庸，这就彻底打破了她多年的心理平衡点，使她陷入了空前的困惑中。她悲叹自己来哈佛是个错误。可她忘了，多年来，正是这个哈佛梦在支撑着她的精神。她虽然战胜了许多竞争对手进入哈佛大学求学，却在困难面前输给了自己的妄自菲薄。

她怨的全是别人，叹的全是自己。难怪她会在哈佛有自卑的感觉。她只有跳出往日光辉的“怪圈”，全身心投入“新世纪”，才能重新振作起来。

总而言之，丽莎的问题核心就在于：她往日的心理平衡点彻底被打破了，她需要在哈佛大学建立新的心理平衡点。

丽莎陷入自卑的沼泽中，认定自己是全哈佛最自卑的人，这说明她过于扩大了自己精神痛苦的程度，看不到自己在新环境中生存的价值。所以心理医生一方面承认她当前面临的困难是她人生中前所未有的，所以她反映出来的情绪也是很自然的。同时，心理医生告诉她，对哈佛的不适应，产生种种焦虑与自卑反应，这在哈佛很普遍，并非只有她一个人。这使丽莎产生了“原来很多人也和我一样啊”的平常感。

所以，心理医生竭力让丽莎懂得在新的环境里，学会多与自己比，而不与别人比。如果一定与别人比的话，还要透视到别人在学习成绩、意志等方面不如自己的一面。厘清学习中的具体困难，并制订相应的学习计划加以克服和改进。同时，让丽莎参加了一个哈佛本科生组成的学生电话热线，让丽莎在帮助别的同学的同时，也结交了不少新的知心朋友，更重要的是，丽莎在帮助他人的过程中，重新感到自信心在增长，感到哈佛大学需要她，她不再是哈佛大学多余的人了。

一系列的心理反差，使丽莎产生了自己是哈佛大学多余的人的悲叹。她没有意识到，自己之所以会有这样的心理反差，是因为以往与同学的比较中，她获得的尽是自尊与自信；但现在与同学的比较中，她获得的尽是自卑与自怜。

心灵启迪

如果总认为自己渺小，那么做什么事情都绝不会心中有数。

不以物喜，不以己悲

有一位留学美国的中国学生，他的经历让人很感慨。小时候，由于小学成绩优秀，他考上了县城的中学。之后他发现自己再不能像在小学时那样稳拿第一了，于是产生了忌妒：比自己好的同学原来都有六棱好铅笔，自己却没有，天道不公啊！经过几年的苦读，他居然又成为县中学的第一了。而他又觉得：人与人之间还是不平等的，为什么自己没有好钢笔呢？

中学毕业后，他考上了北京的某所大学，可好景不长，他的学习成绩连中等也保不住了。看到城里的同学是好铅笔成堆，好钢笔成把，早上蛋糕牛奶，晚上香茶水果，想想自己，早上一个窝头还舍不得吃完，还要给晚上留一半。“合理”又从何谈起呢？

五年后，他留学到美国，亲眼看到了五光十色的西方世界，所有的忌妒、自卑、怨恨却忽然一扫而光了。原来自己选取的比较标准发生了变化，看到的不再是自己的同学、同事和邻居，而是整个世界。

这个世界上只有一件事是最重要的，那就是自己得瞧得起自己，至于别人怎么说、怎么认为反而是一件无足轻重的小事。

战国时代，在塞外住了一位老翁。有一天，老翁家里养的一匹马无缘无故走失了。在塞外，马是负重的主要工具，所以，邻居都来安慰他，这位老翁却很不在乎地说："这件事未必不是福气！"过了几个月，走失的那匹马居然带了一匹胡人的骏马回家，这真正是赚了，邻居都来庆贺。这位老翁却说："这未必不是祸！"

几个月后，老翁的儿子骑这匹胡马摔断了大腿骨，邻居们佩服老翁的料事如神之余也赶来慰问，而这位老翁却毫不在意地说："这倒未必不是福！"时隔半年，胡人入侵，壮丁统统被征调当兵，战死沙场者十之八九，而老翁的儿子却因为摔断了一条腿免役而保住一命。

塞翁这种透过长远时空、利弊并重的思考问题的方式，自然产生"不以物喜，不以己悲"的平常心，遂成为中国传统文化中睿智的典型。这种平常心带来了生活中的和谐，宽容心不也是如此吗?

世上有走不完的路，也有过不去的河。遇到过不去的河掉头而回，这也是一种智慧。但真正的智慧还是不要因为小挫折而灰心丧气，最后影响了你的人生脚步。

要想事业成功，似乎仍需更多。

其实在生活中，我们应该保持一种适应环境、改造环境的积极心态，而不要一味地在自己的消极意志中沉寂下去。

心灵启迪

秉承"不以物喜，不以己悲"生活信念的人，定能实现人生的突破和超越。

以宽容宁静心灵

有人说："宽容是芬芳的花朵，友谊是它的果实。"有人说："宽容是理解的桥梁，真诚和信赖是它的基石。"还有人说："宽容是清凉的甘露，浇灌了干涸的心灵。"宽容是一种美德，凡是能做到宽以待人者，都会受到人们的欢迎。宽容是人类文明的主要考核标准之一。

森林里的枪声

"宽以济猛，猛以济宽，宽猛相济""治国之道，在于猛宽得中"，古人以此作为治国之道，表明宽容在社会中所起的重要作用。宽容，是自我思想品质的一种进步，也是自身修养、处世素质与处世方式的一种进步。

"二战"期间，一支部队在森林中与敌军相遇，激战后两名战士与部队失去了联系。这两名战士来自同一个小镇。

两人在森林中艰难跋涉，他们互相鼓励、互相安慰。十多天过去了，仍未与部队联系上。这一天，他们打死了一只鹿，依靠鹿肉又艰难度过了几天。也许是战争使动物四散奔逃或被杀光，这以后他们再也没看到过任何动物，他们将仅剩下的一点鹿肉，背在身上。这一天，他们在森林中又一次与敌人相遇，经过再一次激战，他们巧妙地摆脱了敌人。

就在自以为已经安全时，只听一声枪响，走在前面的年轻战士中了一枪——幸亏伤在肩膀上！后面的士兵惶恐地跑了过来，他害怕得语无伦次，抱着战友的身体泪流不止，并赶快把自己的衬衣撕下包扎战友的伤口。

晚上，未受伤的士兵一直念叨着母亲的名字，两眼直勾勾的。他们都以为他们熬不过这一关了，尽管饥饿难忍，可他们谁也没动身边的鹿肉。天知道他们是怎么过的那一夜。第二天，部队救出了他们。

时隔30年后，那位受伤的战士安德森说："我知道谁开的那一枪，他就是我的战友。当时在他抱住我时，我碰到他发热的枪管。我怎么也不明白，他为什么对我开枪？但当晚我就宽容了他。我知道他想独吞我身上的鹿肉，我也知道他想为了他的母亲而活下来。此后30年，我假装根本不知道此事，也从不提及。战争太残酷了，他母亲还是没有等到他回来，我和他一起祭奠了老人家。那一天，他跪下来，请求我原谅他，我没让他说下去。我们又做了几十年的朋友，我宽容了他。"

即使一个非常宽容的人，也往往很难容忍别人对自己的恶意诽谤和致命的伤害。但唯有以德报怨，把伤害留给自己，才能赢得一个充满温馨的世界。释迦牟尼说："以恨对恨，恨永远存在；以爱对恨，恨自然消失。"

在现实生活中，有许多事情，当你打算用愤恨去实现或解决时，你不妨用宽容去试一下，或许它能帮你实现目标，解决矛盾，化干戈为玉帛。

宽容是一门艺术，一门做人的艺术，宽容精神是一切事物中最伟大的行为。宽容待人，就是在心理上接纳别人，理解别人的处世方法，尊重别人的处世原则。我们在接受别人的长处之时，也要接受别人的短处、缺点与错误，这样，我们才能真正地和平相处，社会才显得和谐。

心灵启迪

无法宽容别人，也就无法让心灵远离怨恨。

找一处心灵的避风港

我们必须面对这样一个事实，在这个世界上成功卓越者少，失败平庸者多，成功卓越者活得充实、自在、潇洒，失败平庸者过得空虚、艰难、猥琐。

为什么会这样?

仔细观察，比较一下成功者与失败者的心态，尤其是关键时候的心态，我们就会发现心态导致了人生惊人的不同。

两个欧洲人到非洲去推销皮鞋，由于炎热的非洲人向来都是打赤脚的。第一个推销员看到非洲人都打赤脚，立刻失望起来：“这些人都打赤脚，怎么会要我的鞋呢。”于是放弃努力，沮丧而回。另一个推销员看到非洲人都打赤脚，惊喜万分：“这些人都没有皮鞋穿，这皮鞋市场大得很呢。”于是想方设法，引导非洲人购买皮鞋，最后发大财而回。

这就是一念之差导致的天壤之别。同样是非洲市场，同样面对打赤脚的非洲人，由于一念之差，一个人灰心失望，不战而败；而另一个人满怀信心，大获全胜。

有些人总喜欢说，他们现在的境况是别人造成的，环境决定了他们的人生位置，这些人常说他们的想法无法改变。但是，我们的境况不是周围环境造成的。维克托·弗兰克尔说过："在任何特定的环境中，人们还有一种最后的自由，就是选择自己的态度。"

塞尔玛陪伴丈夫驻扎在一个沙漠的陆军基地里。她丈夫奉命到沙漠里去演习，她一个人留在陆军的小铁皮房子里，天气热得受不了，在仙人掌的阴影下也有51摄氏度。她没有人可谈天，只有墨西哥人和印第安人，而他们不会说英语。她非常难过，于是就写信给父母，说要丢开一切回家去。她父亲的回信只有两行，这两行字却永远留在了她心中，完全改变了她的生活：两个人从牢中的铁窗望出去，一个看到泥土，一个却看到了星星。

塞尔玛一再读这封信，觉得非常惭愧，她决定要在沙漠中找到星星。塞尔玛开始和当地人交朋友，他们的反应使她非常惊奇，她对他们的纺织、陶器表示兴趣，他们就把最喜欢但舍不得卖给观光客的纺织品和陶器送给了她。塞尔玛研究那些引人入迷的仙人掌和各种沙漠植物、物态，又学习有关土拨鼠的知识。她观看沙漠日落，还寻找海螺壳，这些海螺壳是几万年前这沙漠还是海洋时留下来的，原来难以忍受的环境变成了令人兴奋、流连忘返的奇景。

是什么使这位女士内心有这么大的转变？

沙漠没有改变，印第安人也没有改变，但是这位女士的念头改变了，心态改变了。念头之差使她把原先认为恶劣的情况变为一生中最有意义的冒险。她为发现新世界而兴奋不已，并为此写了一本以《快乐的城堡》为书名的书出版了。她从自己造的牢房里看出去，终于看到了星星。

生活中，失败者、平庸者大多是心态观念有问题，遇到困难他们只是挑选容易的倒退之路。“我不行了，我还是退缩吧。”结果陷入失败的深渊。成功者遇到困难，仍然是积极的心态，用“我要！我能！”“一定有办法”等积极的意念鼓励自己，于是便能想尽办法，不断前进，直至成功。爱迪生试验失败几千次，从不退缩，最终成功地创造了照亮世界的电灯。

心灵启迪

如何看待人生，由我们自己决定。

突破心理障碍

在人生的道路上，挫折和成功，就像两架逆向行驶的马车，要么是挫折的驾马车将你拉向灭亡的泥潭，要么是成功的马车带你抵达辉煌的峰巅。挫折马车的轮子是懦弱，而成功马车的轮子是坚强。只要你用坦荡的微笑面对挫折，懦弱的轮子便无以转动，于是坚强成为你人生价值的助推器。

1930年初秋的一天清晨，一个只有1.45米的矮个子青年从位于日本东京目黑区的公园长凳上爬了起来，徒步去上班，他因为拖欠房租已经在公园的长凳上睡了两个多月了。他是一家保险公司的推销员，虽然工作勤奋，但收入少得甚至吃不起中餐，每天还要看尽人们的脸色。

一天，年轻人来到一家佛教寺庙向住持介绍投保的好处。老和尚很有耐心地听他把话讲完，然后平静地说：“听完你的介绍之后，丝毫引不起我投保的意愿。人与人之间，像这样相对而坐的时候，一定要具备一种强烈吸引对方的魅力，如果你做不到这一点，就没什么可言了……”

从寺庙里出来，年轻人一路思索着老和尚的话，若有所悟。接下来，他组织了专门针对自己的“批评会”，请同事或客户吃饭，目的只为让他们指出自己的缺点。

“你的个性太急躁了，常常沉不住气……”“你有些自以为是，往往听不进别人的意见……”“你面对的是形形色色的人，你必须要有丰富的知识，所以必须加强进修，以便能很快与客户寻找到共同的话题，拉近彼此间的距离……”

年轻人把这些可贵的逆耳忠言一一记录下来。每一次“批评会”后，他都有被剥了一层皮的感觉。透过一次次的批评会，他把自己身上那一层又一层的劣根性一点点剥落了下来。

与此同时，他总结出了自己含义不同的39种笑容，并一一列出各种笑容要表达的心情与意义，然后再对着镜子反复练习，他甚至每个周日晚上都要跑到日本当时最著名的高僧伊藤道海那儿去学习坐禅。

年轻人开始像一条成长的蚕，随着时光的流逝悄悄地蜕变着。到了1939年，他的销售业绩荣膺全日本之最，并从1948年起，连续15年保持全日本销售第一的好成绩。1968年，他成了美国百万圆桌会议的终身会员。

这个人就是被日本国民誉为“练出值百万美金笑容的小个子”，美国著名作家奥格·曼狄诺称之为“世界上最伟大的推销员”的推销大师原一平。

用乐观的态度对待人生，就要微笑对待生活。微笑着，生命才能征服纷至沓来的厄运；微笑着，生命才能将不利于自己的局面一点点打开。

心灵启迪

无论生命走到哪个地步，都不要忘记用微笑看待一切。

永远微笑的肯德基大叔

或许有的人大半生都一帆风顺，积累财富，广交朋友，声望日隆，个性仿佛也很坚强。但灾难突降，他们失去了所有的一切。他们被击倒了，绝望了。物质的损失吞没了他们生存的勇气，或许在经历了如此沉重的打击后，人人都会觉得希望渺茫。

但是，即使是一个无知到不会写自己名字的人，如果他有坚韧的承受力，他还是有希望的。只要有勇气，就有希望。如果经受一次打击就灰心丧气，难以自拔，毫无斗志，那他就没有希望。这正是考验他的时候，在失去了所有身外之物之后，他还有自己！

在世界的各个角落，在每个城市，我们都会常常看到一个老人的笑脸，花白的胡须，白色的西装，黑色的蝴蝶结，永远都是这个打扮。就是这个笑容，恐怕是世界上最著名、最昂贵的笑容了，因为这个和蔼可亲的老人就是著名快餐连锁店“肯德基”的招牌和标志——哈兰·山德士上校，当然也是这个著名品牌的创造者。而这个品牌的建立并不是一帆风顺的。

第二次世界大战爆发的时候，新建横贯肯塔基的跨州公路计划最后确定并向大众公布了，本已小有名气的山德士餐厅所在地旁的道路准备修建高速公路，山德士的雄心和热情一下子降到了冰点。他不得不变卖资产以偿还债务，所得的款项只相当于公路通车前的总资产的一半。为了偿清债务，连他的银行存款也用光了。一下子，哈兰·桑德斯从人人尊敬的富翁变成了一个穷人。

这时的山德士66岁了，所能依靠的只是自己每月105美元的救济金。山德士并不想就此了却自己的一生，况且这点救济金根本不能维持生活，还是要靠自己。

山德士冥思苦想，他拥有的最大价值的东西就是炸鸡了，这是一笔巨大的无形资产。突然，他想起曾经把炸鸡做法卖给犹他州的一个饭店老板。这个老板干得不错，所以又有几个饭店主也买了桑德斯的炸鸡作料。他们每卖1只鸡，付给桑德斯5美分。困境之中的山德士想，也许还有人这样做，没准这就是事业的新起点。就这样，山德士上校开始了自己的第二次创业。

身穿白色西装，打着黑色蝴蝶结，一身南方绅士打扮的白发上校停在每一家饭店的门口，从肯塔基州到俄亥俄州，兜售炸鸡秘方，要求给老板和店员表演炸鸡。如果他们喜欢炸鸡，就卖给他们特许权，提供作料，并教他们炸制方法。

开始时没人相信他，饭店老板甚至觉得听这个怪老头胡诌简直是浪费时间。桑德斯的宣传工作做得很艰难，整整两年，他被拒绝了1009次，终于在第1010次走进一个饭店时，得到了一句“好吧”的回答。有了一个人，就会有第二个人，在山德士的坚持之下，他的想法终于被越来越多的人接受了。

1952年，盐湖城第一家被授权经营的肯德基餐厅建立了，这便是世界上餐饮加盟特许经营的开始。

1955年山德士上校的肯德基有限公司正式成立。与此同时，他接受了科罗拉多一家电视台脱口秀节目的邀请。由于整日忙于工作，他只有找出唯一一套清洁的西装——白色的棕榈装，戴上自己多年的黑框眼镜，出现在大众面前。老资格南方上校烹制炸鸡的形象，很快就吸引了众多记者和电视主持人，70岁的山德士被吵嚷着要同他合作的人团团包围，要买特许权的餐馆代表还在蜂拥而至。为此他建起了学校，让这些餐馆老板到肯德基来学习怎样经营特许炸鸡店。

1964年，一位年仅29岁的年轻律师约翰·布朗和60岁的资本家杰克·麦塞等人组成的投资集团被山德士的事业深深打动，他们想用200万美元来购买该项事业。这是笔不小的数额，虽然心中极为不舍，但考虑到自己74岁了，山德士还是同意了，把接下来的事业交给下一代去做。

在大家的眼中，退休的山德士总该好好歇歇了，这个永不知疲倦的老人又开始了另一项工作。自从在电视上露面之后，他的打扮已经成为肯德基独一无二的注册商标，人们一看到他，就会自然想起山德士上校的传奇经历和他永远笑呵呵的样子。为此山德士经常开玩笑说："我的微笑就是最好的商标。"

山德士没有依靠那微薄的救济金生活，而是依靠自己的能力和积极的心态，创造了自己的品牌王国。

心灵启迪

微笑，是乐观击败悲观的最有力的武器。

释放你的不良情绪

每个人都有自己的情绪，而情绪是一种很难控制的东西。有许多人能把情绪收放自如，这个时候，情绪已不仅是一种感情上的表达，而且成了攻防中使用的武器。

有时候，人们掌控不住情绪，不管三七二十一发泄一通，结果搞得场面十分难堪。生活中，每个人都难免会碰到这种擦枪走火的状况。但是，聪明人有将不良的情绪马上收回来的本事。因为这关系到你能否在社会上游刃有余地生存。

正确释放情绪

自古以来，评价人的标准，只要看一个人的涵养和行事的风格，就知是否可以成为可塑之才，是否有大将之风。

一个人要善于控制自己的情绪，要善于发泄自己心中的怒气。一个人头脑不冷静是有原因的，都是由于突然的刺激、怒火中烧而引起的。如果能把心中的怒气发泄掉，那么头脑也就会冷静了。发泄怒气的方法有多种。国外有一种俱乐部，在里面给你提供一切设备供你发泄，如橡皮人给你殴打，镜子供你摔碎，家具让你毁坏。等你发泄一阵子以后，怒气也就消了，头脑也就冷静了。这确实是一个好办法。而林肯，这位著名的政治家，他的发泄方法与人不同。每当他心中十分愤怒时，他就写信，信写好了，但不寄出，把它撕掉，这样头脑也就冷静下来了。

控制好情绪需要理性的克制，克制乃为人的一大智慧，它有助于人们在攀登理想境界的征途中消除情感世界不可避免的潜在危机。因而，对于一个成功的开拓者来说，控制好情绪既是实现既定目标的保证，又是取得更大成功的起点。

古代有个尤翁，他开了个典当铺。有一年底，他忽然听到门外有一片喧闹声。他出门一看，原来门外有位穷邻居。柜台的伙计就对尤翁说："他将衣服压了钱，空手来取，不给他，他就破口大骂。有这样不讲理的人吗？"

门外那个穷邻居仍然气势汹汹，不仅不肯离开，反而坐在当铺门口不停地大骂。

尤翁见此情景，从容地对那个穷邻居说："我明白你的意图，不过是为了过年关。这种小事值得一争吗？"于是，他命店员找出那个典当之物，共有衣物蚊帐四五件。

尤翁指着棉袄说："这件衣服抗寒不能少。"又指着道袍说："这件给你拜年用。其他的东西不急用，现在可以留在这里。"

那位穷邻居拿到两件衣服，不好意思再闹下去了，于是立刻离开了。

当天夜里，那个穷汉竟然死在别人的家里。

原来，此人同那家人打了一年多的官司，因为负债过多，不想活了，于是就先服了毒药。他知道尤翁家富有，想敲诈一笔，结果尤翁没吃他那一套，没傻乎乎地当了他的发泄对象，他于是就转移到了另外一家。

事后有人问尤翁，为什么能够事先知情而容忍他。尤翁回答说：“凡无理来挑衅的人一定有所依仗。如果在小事上不忍耐，那么灾祸就会立刻到来。”

人们听了这话都很佩服尤翁的见识。

生活中，面对不同的环境，不同的对手，有时候采用何种手段已不太关键，而如何保持好自己的情绪才至关重要。情绪处理得好，可以将阻力化为助力，帮你解危化险、政通人和；情绪若处理得不好，便容易失去控制，产生一些非理性的行为。

心灵启迪

要想成为人上人，除了常识与能力之外，最重要的是能否将自己的情绪操控得当。

让眼泪流出来

当人受到了委屈，或遇到伤感之事时，都会不由自主地哭起来，这是人之常情，是人的情绪不愉快的表现。

哭对人的健康是既有好处又有坏处的。人在痛苦的时候都会哭。哭对人的心理是一种保护性的措施，如果在该哭的时候不哭，勉强把眼泪咽下去，就会憋出病来，哭一哭，心里会痛快些，并会得到一些宽慰。

美国生物化学家费雷认为，人在悲伤时不哭是有害于人体健康的，等于慢性自杀。他做过有关调查，发现长期不流泪的人，患病率要比流泪的人高一倍。费雷说，男子的胃溃疡病和精神分裂症大都是强忍不哭者，如果他们该哭则大哭一场，很可能会避免患这种病。哭闹对新生儿来说，是一种很好的运动，哭闹时，新生儿可全身运动，有助于血液循环、消化和排泄，促进新生儿成长。

看来哭对人体是有好处的。但也有不好的一面，一个人整天哭哭啼啼，就会扰乱人体的生理功能，使呼吸、心跳均无规则。有人在大哭之后，白天不思饮食，夜不能寐，这是很伤身体的。

《红楼楼》中的林黛玉多愁善感，她的爱哭使本来就多病的身体更加衰弱，以至加速了她的夭折。所以，哭也是要有节制的。只有这样，才能有利身心健康，否则只有害而无益。

心灵启迪

让眼泪流出来，不仅能够排除身体的毒素，还能释放心理的压力，改善郁闷与悲伤的心情。

千万不要生闷气

今天在学校里同学刺耳的话伤了你的心，但你又不好意思当面驳斥他，和他争个面红耳赤，于是你把愤怒之火压在了心里。你感觉很难受，可是又不能发泄，你把自己关在房间里，越想越伤心，以至于让怒火在心里燃烧。

这几天上课你总是走神想着前两天发生的事，根本听不见老师在讲什么；即便是吃饭的时候，你也若有所思，更不用提休息了，它甚至影响到了你的睡眠。失眠、烦躁、焦虑，一下子找上了你，不久你大病一场……

人的心情也如天气一样，时阴，时晴，常常变化着。这是因为我们处在社会群体中，而不是孤零零一个人，我们的生活、工作或多或少总会受到环境还有他人的干扰，不管你是不是快乐，是不是愿意接受它们。

研究表明：不良情绪是健康的大敌。科学家称在不同情绪状态下，下丘脑、脑下垂体、自主神经系统都会有一定的生化改变，并由此引起身体各器官功能的变化。这就是情绪可以致病的生理学基础。国内外大量研究表明，长期压抑和不满的情绪，诸如抑郁、悲哀、恐惧、愤怒等，都容易诱发癌症。

生理和心理学研究认为，应激状态可使人抵抗力降低，易罹患疾病。“一切顽固的忧愁和焦虑，可称为不良情绪，这种情绪强烈、长期地存在，足以给疾病大开方便之门”。美国专家研究表明，因情绪紧张而患病者，占门诊病人的76%。近代国内外研究也证明，情绪在一些躯体疾病中起着重要作用。而人的疾病状态，反过来也可引起情绪变化，两者互为因果。

长期压抑不良情绪不只是影响你的工作，更会影响你的生活，而人一旦失去了生活中的乐趣，就会越陷越深，最终淹没在纷纷攘攘之中。要明白，生活、工作、学习，每个人无论是在家里，还是在办公室里，都免不了在情绪上受到他人的干扰，而使原来晴朗的情绪突然布上一层乌云。问题在于我们能不能在黑云密布的时候保持冷静。我们没有多少力量去左右环境，既然如此，我们是否能试一试，在自己心里留出一片小小的、安静平和的地方，来保住那些快乐的种子呢?

我们熟知的马加爵的故事便是如此，由于不良情绪得不到合理宣泄，导致他犯下杀人的罪行。面对不良情绪我们该怎么办呢?

所以，当环境中的人或事令你受到伤害或打击的时候，千万不要选择垂头丧气来“报复”自己，而是应该勇敢地面对低落情绪，抛开不必要的压力。试着丢掉那些无益的气恼，多往好的方面想想，相信你一定能在自己内心这片快乐的园地里找到希望、安慰和鼓励。

对于青少年而言，就要心平气和地接受各种自然情绪的流露。你可以和同学讲道理，但切记不要争得面红耳赤，而是要与对方友善地交谈。我们常说“男儿有泪不轻弹”，殊不知男孩也是有感情的，他们也有悲欢离合的感触，并非如常人所讲“把泪水吞到肚子里”，那样反而不好。偶尔哭一次可以帮助男孩合理地宣泄心中的不良情绪，排解内心的忧郁，这对孩子来说是有好处的，但切记不要把哭当作家常便饭，大事小事都要哭个没完。“男孩，哭吧，不是罪”，勇敢地流出你的眼泪吧！

心灵启迪

没有什么大不了的，一切都会随着时间过去的。

消极的情绪是慢性毒药

消极的情绪就像一剂慢性毒药，吃了这剂药的人会慢慢变得意志消沉，失去一切动力，自然成功也就离他越来越远。

抱有消极情绪的人对自己也有一个消极的自我评价。他们往往会这样想，我的感情总是这么脆弱；我太胖了，一点儿魅力都没有；我的身高在全班几乎是最矮的；我的英语成绩在中学时代就不好；在家里我是最小的，在班上我还是最小的；我原来就有粗心大意的毛病；我的责任心一直不强；我就是不擅长体育运动；我做事老是过于谨慎。这些评价可能只是一些小事，然而这些评价加起来往往会影响一个人的做事方式，最终导致人生道路的不同。

这些消极的自我评价的一个共同特征就是总觉得自己在某一方面不如

别人。我们知道，每个人总是以他人为镜子来认识自己的，即人们总是把自己与他人进行比较并依据他人对自己的评价来认识自己并进行自我评价的。对于涉世未深的青年学生来说，来自他人的评价显得尤为重要。如果他人，特别是较有权威的人，如父母、老师或自己所敬佩的人对自己作了较低的评价，就会影响自己对自己的认识，使自己也低估自己。

1929年下半年的某一天，奥斯卡在中南部的俄克拉荷马州首府俄克拉荷马城的火车站上等候搭乘火车往东边去。他在气温高达43℃的西部沙漠地区已经待了好几个月，其间他一直在为一个东方的公司勘探石油。

奥斯卡毕业于麻省理工学院。据说他已把旧式探矿杖、电流计、磁力计、示波器、电子管和其他仪器结合成勘探石油的新式仪器。

现在奥斯卡得知，他所在的公司因无力偿付债务而破产了。奥斯卡踏上了归途。他失业了，前景相当暗淡。消极的心态开始极大地影响着他。

由于他必须在火车站等待几小时，他就决定在那儿架起他的探矿仪器用以消磨时间。仪器上的读数表明车站地下蕴藏有石油。但奥斯卡不相信这一切，他在盛怒中踢毁了那些仪器。“这里不可能有那么多石油！这里不可能有那么多石油！”他十分反感地反复叫着。

奥斯卡由于失业的挫折，深受消极心态的影响。他一直寻找的机会就躺他的脚下，但是由于消极心态的影响，他不肯承认它，他对自己的创造力失去了信心。就这样，他失去了一次获得成功的机会。

持有消极情绪的人，对将来总是感到失望，在他们的眼中，玻璃杯永远不是半满的，而是半空的。

人们大概注意到，结婚多年的夫妇行为逐渐变得一样，甚至连外貌也相似，而心态的同化是最明显不过的。跟消极心态者相处得久了，你就会受他的影响。

接触消极心态者就像接触到原子辐射，如果辐射剂量小、时间短，你还能活，但持续辐射就会要命了。

心灵启迪

消极的情绪会摧毁人们的信心，使希望泯灭。

第八章　放松自己

要解放孩子的头脑、双手、脚、空间、时间，使他们充分得到自由的生活，从自由的生活中得到真正的教育。

——陶行知

生活中有各种各样的压力，所以我们要学会放松自己。只有轻松愉快地生活和学习，我们才能健康快乐地成长。

在交往中放松自己

人的一生不能没有朋友，因为，没有朋友，你的一生将会孤立无援，冷冷清清。多一个朋友多一条路，朋友一生一起走，不要让孤僻的性格成为你交朋友的绊脚石。只有改变你孤僻的性格，你的生活才会充满快乐。

学会与人交往

交往是人类的一种基本需要，孩子作为一个社会成员，其社会交往活动，特别是他们同龄群体间的交往活动，既是他们最初社会化发展的需要，也是他们心理和个性发展的需要。如果孩子缺乏与同伴之间的交往，就不能理解、分享他人的喜怒哀乐，就会形成对他人他事的情感淡漠，并难以发展最初人际交往能力或宽容他人的心理调节能力。这种社会化程度较低的孩子，成人后会表现出离群索居的孤独倾向。

孩子性格孤僻既有心态、生活环境的原因，也有父母管教不当的原因。不管什么原因造成的性格孤僻，都会阻碍孩子早期的社会性发展，影响孩子的身心健康发展，所以必须引起家长足够的重视。

若要让孩子避免形成孤僻的性格特点，家长要有意识地改变家庭生活环境的封闭状态，要敞开家门，让孩子从自我的小圈子中走出去，参与交往、多交朋友、体验交往和享受交往。家长不要怕麻烦，要尽可能抽空把孩子带出去或把同事、朋友的孩子请到家里来，让孩子们在做游戏的过程中体会交往的快乐，促使孩子消除与人交往的胆怯、惧怕的心理，增加他们交往的兴趣，并以此来帮助孩子正确认识他人和社会，走出自我心灵封闭的误区，以促进身心健康发展。

比尔·盖茨的朋友鲍尔默有句口号：“一个人只是单翼天使，只有两个人抱在一起才能飞翔。”是啊，一个成就了伟大事业的人，他的背后一定会有朋友的支持。志同道合的朋友在一起，可以撑起一片天空。

这里要讲的是比尔·盖茨的另一个朋友，可以说因为他的存在，使盖茨如虎添翼，成就了叱咤风云的微软帝国。他就是微软帝国的总裁兼首席执行官——保罗·艾伦。

可以说艾伦是盖茨创业道路上最大的推动力。正是他拿着登有微型计算机研制成功的消息的杂志去找盖茨，成功地说服了盖茨干点正经事。也正是艾伦对技术的痴迷使得全新的BASIC语言最终得以出现，使微软最终成为软件领域的巨人。还是艾伦和盖茨研发的操作系统逼迫IBM后来不得不加入到个人电脑的战团中来。那么，下面就讲讲这对“梦幻组合”的渊源。

艾伦是盖茨在湖滨中学的同学，父亲当过二十多年的助理管理员，因此从小博览群书。1968年，与盖茨在湖滨中学相遇时，比盖茨年长两岁的艾伦以其丰富的知识折服了盖茨，而盖茨的计算机天分，又使艾伦倾慕不已。两人成了好朋友，一同迈进了计算机王国，掀起一场软件革命。

在谈到他们之间的友谊时，盖茨回忆说：“他读了四倍于我的科幻小说，另外，他还有许多解释自然之奥秘的天赋，所以，我就问他有关‘枪炮工作原理’和‘原子反应堆’之类的问题，保罗把这些都讲解得头头是道。后来，我们经常在一起做数学和物理作业，这就是我们何以会成朋友的原因。”

艾伦的特点是说起话来柔声柔气，为人很谦虚。这一点在最初的公司业务开展中起了很大的作用。在与罗伯茨合作改进BASIC语言的过程中，罗伯茨虽然敬重盖茨的技术能力，但非常不喜欢他。罗伯茨说：“盖茨是一个被宠坏了的孩子，这就是问题的所在。艾伦比盖茨更富于创造性，盖茨和我争来争去，但是一个好办法也拿不出来，可是艾伦能。他对我们公司还是有一些帮助的，而盖茨只能是添乱。”有了艾伦从中周旋，最初的合作才不至于破裂。

艾伦喜欢技术，专注于微软新技术和新理念；盖茨则以商业为主，销售员、技术负责人、律师、商务谈判员及总裁一人全揽了，两位创始人配合默契。艾伦在研发BASIC语言和操作系统方面显示了充分的远见。正是对于技术上的敏感，艾伦才不断地向盖茨提出创办公司的要求，并一再鼓动盖茨退学创业。

因为艾伦的谦让性格使然，微软公司开办之初，盖茨在合作协定中获得了微软公司大部分的权益。在公司股份中，盖茨占60%，艾伦占40%。因为盖茨可以证明他在BASIC语言的最初开发中做了更多，而艾伦也认可这一点。不久以后，这种比例又进一步调整为64：36。但是，股份的多少不能划分的是，盖茨和艾伦这个精干的创业团队，他们缺一不可。

艾伦为盖茨制定了“先赢得客户，再提供技术”的公司发展战略。1981年，IBM的个人PC问世，急需一个配套操作系统。又是艾伦从西雅图计算机公司搞到了SCP-DOS程序的使用权，两人对该软件程序做了扩展改编，重新命名为MS-DOS，再返销给IBM。MS-DOS是微软开始走向世界软件业第一品牌的发家宝。

有时候，朋友不仅应该是你生活中的伙伴，还应该是你志同道合、与你携手共进的那个人。

心灵启迪

一个人活在世上，朋友的扶助可以说是你重要的生存条件。把握好朋友间的温度，你会因为友谊的呵护而快乐每一天。

与同学交朋友

很多家长心里都有一个误区，认为孩子只要好好听课，就能把学习成绩搞上去，不用跟同学有太多来往，尤其不可以跟别的同学学坏。因为家长总认为孩子缺乏分辨是非的能力，所以在交友方面总是严格把关。渐渐地，孩子在学校里就会越来越孤独，快乐越来越少。

李亚楠在同学关系上遇到了非常大的挫折。他是个内向的孩子，父亲是研究员，母亲是家庭妇女，他们都是不善于人际交往的人，也就没有教会他怎样和同学打交道。每个孩子都希望被别人接受、得到别人的认可，李亚楠也不例外。他虽然嘴里不说，心里却特别在乎同学的看法。然而，谁都不愿意和他玩，做实验的时候，谁都不愿意和他一组。

有一次做操，左边的同学说了一句“你的腰怎么弯不下去呀”，他听了就使劲弯腰，这时，右边的同学又说了一句“瞧他，腰弯得都要断了”，李亚楠听了，就真的迷惑了，他实在是不知道该听谁的。还有一次，他想和同学一起玩，可是嘴里却不知道怎么说，就默默地跟在几个同学的后面。有一个同学回过头来说，你怎么像个跟屁虫呀！这一句话，就像钉子一样，狠狠扎在了他的心里，让他愣在原地，半天回不过神来。

渐渐地，他的性格越来越孤僻，别人每说一句不好听的话，他就想是不是在说自己。此后他也没有心思学习了，整天想的就是我到底怎么了，怎么才能让别人喜欢我，成绩自然也越来越差。他开始迷上了课外书，不管能不能理解，只要是书他就愿意看。他说：这些书至少不会看不起我。“他们”拿我当朋友，“他们”愿意跟我说心里话。一个14岁的孩子，书包里天天背着的竟然是比砖头还厚的《庄子今注今译》。那时，给他触动最深的一句话，竟然是西方哲人的一句名言——人对人像狼一样。

正是同学关系的挫折，让他心里对别人的尊重和关心慢慢消失。他想，没有人对我好，我为什么要对别人好？这导致的直接结果是他开始偷别人的东西，从去书店偷书渐渐发展到了溜门撬锁，并且心里竟然没有一丝一毫的愧疚。高三毕业，他在参加完高考后的第四天就被抓了起来，结果刚满18岁的他被判处有期徒刑两年，在监狱中他接到了大学的录取通知。

没有同学的陪伴，孤独的心灵终将扭曲，把自己拖进毁灭的起因，或许只是因为生命中少了那么一点点的关爱。

新新是班长，她不光学习好，跟同学的关系更是好得没得说。在开学第一天新同学做自我介绍的时候，她就对大家说：“班级就是我们的家，同学就是兄弟姐妹，学习上大家要互相帮助。”她也是这么做的，用真心去面对每个同学。

作为班长总有一些班务要她来管，这个活又得罪人又耽误时间，别的人不是干不了，就是不愿意干，担子最后就落在了她肩上。拿每天的卫生来说，经常有同学不注意，废纸随手就丢。她看到了，就随手捡起来，把这看成非常自然的事。她觉得没必要批评别人，也不用去叫值日生，自己能做的为什么不肯弯一下腰呢？渐渐地，别的同学在她的影响下，也养成了随手保持班级卫生的习惯。大家合作，班里无论什么事都变得容易多了。

在学习上，每当有同学考得好了，她都会送上一句祝贺的话。她总是发自内心为别人的成绩高兴，遇到困难，别人也当然愿意帮她。别的班同学之间竞争很激烈，甚至好朋友都互相提防，而她们班大家却拧成了一股绳儿，谁都愿意把自己的经验和别人分享。在团结欢快的气氛中，他们全班的成绩都上去了。

从现在起就树立这样一种意识：我是大海中的一滴小水珠，有我和我的伙伴，才能形成汹涌澎湃的大海，造福人类；我是高山上的一棵小草，有我和我的伙伴，才能形成翠绿的山川；我是集体中的一员，有我和我的伙伴，才能形成和谐、温暖的集体。

心灵启迪

良好的同学关系，是热爱学校、热爱学习的保证。

懂得与人合作

合作就是团结互助。由于竞争成为日常生活各个领域中一种无处不在的现象，团结互助就显得尤为重要。当今竞争的社会更需要合作精神。事实上，综观古今中外，凡是在事业上成功的人士都是善于合作的人。

李嘉诚的名字在海内外已经家喻户晓、妇孺皆知。分析他成功的一生，助他走向辉煌的因素有很多，但其中一个主要的原因就是他善于合作，善于和各类竞争高手团结协作。在他的麾下，聚集着这样一群人：

霍建宁，毕业于香港大学，后去美国留学，1979年学成归来被李嘉诚收归长江实业集团，出任会计主任。1985年被委任为长江实业董事。他有着非凡的金融头脑和杰出的数字处理能力。

周千和，20世纪50年代初期就追随李嘉诚，是与李嘉诚先生南征北战多年的创业者，他勤劳肯干，真诚待人，为人处世严谨精明。

周年茂，周千和的儿子，曾在英国攻读法律，对各项法律条文了如指掌，是经营房地产的能手，属书生型人才，被李嘉诚指定为长江实业发言人。

洪小莲，20世纪60年代末期起就是李嘉诚的秘书，跟随李嘉诚二十余年，为李嘉诚立下了汗马功劳。她精明强干、雷厉风行，颇有“女强人”之风。

上述四员大将均属创业奇才，李嘉诚把他们拢在自己帐下，从而使自己成为一个真正拥有人才的大老板。因为他深深明白，成功离不开团结协作。今日这种经济竞争，说到底更是一种人才的竞争。如果拥有了各种人才，并诱导他们贡献自身的努力和聪明才智，就能在竞争中取胜。

李嘉诚还采取“古为今用，洋为中用”的方针，把团结协作运用得淋漓尽致。为了避免东方式的家庭化的企业管理模式，他在20世纪60年代就开始大胆启用洋人。他聘请了一位美国人Poul Lvons做经理，由他配合原来的基层管理人员实行企业的国际化管理。到了20世纪80年代，他又大胆启用了英国人马世民。马世民聪明好学，积累了大量融合东西方企业管理精华的管理经验，是个难得的人才。当时，虽然马世民还名不见经传，但李嘉诚却提升他做了和记黄浦董事兼总经理。

由李嘉诚一手构建的这个拥有一流专业水准和超前意识、组织严密的“内阁”，在激烈的经济竞争中发挥了巨大的作用。可以说，李嘉诚财团之所以能够成为跨国财团，和他周围那些能干的中国人、外国人是分不开的。尤其是李嘉诚大胆启用的那些外国人，在帮助他冲出亚洲、走向世界方面既充当了“大使”，又充当了冲锋陷阵的“士卒”。正如一家评论杂志所称道的：“李嘉诚这个‘内阁’，既结合了老中青的优点，又兼备了中西方色彩，是一个行之有效的合作模式。”

如今，李氏王国的业务包括房地产、通信、能源、货柜码头、零售、财务投资及电力等，十分广泛。试想，如果李嘉诚先生不与他人合作，仅靠一个人的力量，那么纵使他有三头六臂，也不能创造如此宏大的事业。因此，李嘉诚的成功更确切地说应该是团结协作的成功。

我们的祖先早就认识到了合作的重大作用。古代思想家荀子曾说过一句名言：“每一个凡人，其实都可以成为伟大的禹。”凡人成为伟人的条件是什么呢？就是团结协作。汉高祖刘邦在定天下以后，设宴款待群臣。席间，他对群臣说：“运筹帷幄，决胜千里之外，朕不如张良。治国、爱民和用兵，萧何都有万全的计策，朕也不及萧何。统帅百万大军，百战百胜，是韩信的专长，朕也甘拜下风。但是，朕懂得与这三位天下人杰合作，所以朕能得到天下。反观项羽，连唯一的贤臣范增都团结不了，这才是他失败的原因。”

心灵启迪

一个人的能力总是有限的，只有善于与人合作的人，才能够弥补自己能力的不足，才能达到原本达不到的目的。

助人者自助

与人共事，切记“助人即自助”。自私是互助的最大敌人。

从前，有两个饥饿的人得到了一位长者的恩赐：一根渔竿和一篓鲜活硕大的鱼。其中，一个人要了一篓鱼，另一个人要了一根渔竿，于是他们分道扬镳了。得到鱼的人原地就用干柴搭起篝火煮起了鱼，他狼吞虎咽，还没有品出鲜鱼的肉香，转瞬间，连鱼带汤就被他吃了个精光。吃完鱼后，他又没有什么办法维持生活了，不久，他便饿死在空空的鱼篓旁。另一个人则提着渔竿继续忍饥挨饿，一步一步艰难地向海边走去，可当他看到不远处那片蔚蓝色的海洋时，他最后的一点力气也使完了，只能眼巴巴地带着无尽的遗憾离开了人间。

又有两个饥饿的人，他们同样得到了长者恩赐的一根渔竿和一篓鱼。只是他们并没有各奔东西，而是商定共同去找寻大海，他俩每次只煮一条鱼。经过了遥远的跋涉，终于来到了海边。从此，两人开始了捕鱼为生的日子，几年后，他们盖起了房子，有了各自的家庭、孩子，有了自己建造的渔船，过上了幸福安康的生活。

这是一个活生生的合作才能生存的例子。在现实里，或许你掌握了生产某个产品的关键技术，他掌握着这个产品的原材料，在这个时候，两个人想发展的最好方式就只有合作了。如果都想独自发展的话，结果可能就是都无

法壮大起来。

与别人合作才能让你成功，千万不要小看与他人合作的力量。

很久以前，一位希腊国的国王有三个儿子。这三个小伙子个个都很有本领，难分上下。可是他们自恃本领高强，都不把别人放在眼里，认为只有自己最有才能。平时三个儿子常常明争暗斗，见面就互相讥讽，在背后也总爱说对方的坏话。

国王见到儿子们如此互不相容，很是担心，他明白敌人很容易利用这种不睦的局面来乘机击破，那样一来国家的安危就悬于一线了。国王一天天衰老，他明白自己在位的日子不会很久了。可是自己死后，儿子们怎么办呢？究竟用什么办法才能让他们懂得要团结起来呢？

一天，久病在床的国王预感到死神就要降临了。他也终于有了主意。他把儿子们召集到病榻跟前，吩咐他们说："你们每个人都放一支箭在地上。"儿子们不知何故，但还是照办了。国王又对大儿子说："你随便拾一支箭折断它。"大王子捡起身边的一支箭，稍一用力箭就断了。国王又说："现在你把剩下的箭全都拾起来，把它们捆在一起，再试着折断。"大王子抓住箭捆，折腾得满头大汗，始终也没能将箭捆折断。

这时国王语重心长地说道："你们都看得很明白了，一支箭，轻轻一折就断了，可是合在一起的时候，就怎么也折不断。你们兄弟也是如此，如果互相斗气，单独行动，就很容易遭到失败，只有三个人联合起来，齐心协力，才会产生无比巨大的力量，战胜一切，保障国家的安全。这就是团结的力量啊！"

儿子们终于领悟了父亲的良苦用心，国王见儿子们真的懂了，欣慰地点了下头，闭上眼睛安然去世了。

折箭的道理告诉我们：团结就是力量。“人以群居，物以类聚”，如果将组织看作一个完整的人体，团队便是构成人体的各类系统，如消化系统、循环系统等，个人则是组织或团队的最基本的细胞。否定个体，整体就不复存在；否定整体，个体便无意义。

在日常生活和学习中，在自己与他人之间只要互相支持，分工协作，齐心协力，就会赢得最终的胜利。

心灵启迪

舍弃与人合作，难以做大人生局面。做事切不可独断专行，万事全包。

在心理上放松自己

你为什么总是不快乐，无数次的失败将你推入黑暗的世界，享受不到成功的阳光，你想过没有，是谁挡住了你的阳光？不错，就是你的心态。同一件事由具有两种截然不同心态的人去做，其结果也必然截然不同。只有不让那些不好的心态占据我们的心灵，才可能收获快乐与喜悦。

克服羞怯心理

羞怯是一种逃避行为的最常见形式，其表现是多种多样的。在日常生活中，常常会看到这样的现象：有的人在路上碰到熟人因怕羞故意躲避；有的人不敢在大庭广众之下讲话，一讲就会脸红舌硬。上述情况在心理学上被称为怕羞心理。

在日常生活中，过分怕羞有碍于学习和人际交往。这是因为有怕羞心理的人过多地约束和拘谨自己，而难与人建立亲密的关系：因沮丧、焦虑和孤独则导致性格上的软弱和冷漠；因怕羞而怯懦、胆小和意志薄弱。

当萧伯纳被问及他是如何学会声势夺人地当众演讲时，他答道：“我抓住每一次面对众人锻炼的机会，而不害怕会出丑，就像我学习溜冰一样——我固执地一个劲儿地让自己出丑，至今我也习以为常。”

年轻时，萧伯纳是伦敦最胆怯的人之一，常常是犹豫地耗上20分钟或更多的时间，才壮起胆子去敲人家的房门。他自己也承认："很少有一人像我这样为如此胆小而痛苦，或极度地为它感到羞耻。"

后来，他无意中用了最好、最快、最有把握的方法来克服羞怯、胆小和恐惧。他决心把弱点变成自己最丰厚的资产，为此加入了一个辩论学会。只要在伦敦有公众讨论的聚会，他一定参加。萧伯纳全心全意地投入社会主义运动，并四处为该运动演讲，结果，他把自己锻炼成了20世纪上半叶最具信心、最出色的演讲家之一。

当众发言首先需要胆量，要有勇气面对听众，不怕出差错。最重要的是要能明确表达自己的见解。

说话要字正腔圆，声音响亮，速度适中，语调要有抑扬顿挫，富于节奏变换。

英国哲学家黑格尔说过："人应尊重自己，并应自视能配得上最高尚的东西。"对于怕羞的人来说，千万不要为自己的短处而紧张，恰恰相反，应经常想到自己的长处，要培养自信心，相信只要兴致勃勃地干，自己的能力必定能发挥出来。

心灵启迪

天生我材必有用，我们要仔细发掘自己的价值。

开阔你的心胸

一个人如果心胸狭小，总是从自私的角度去看问题，那么怎么能容忍别人呢？成大事者力戒为人心胸狭隘，主张宽容他人，因为只有这样，才能赢得人心。毫无疑问，宽容不仅是习惯，也是一种品德，是有助于成功的习惯之一，是成大事所必备的德行之一。

中国人注重“德”，一个人有“德”才会服人，有才无德，这样的人也许可逞一时之势，却不能把握历史的方向，最终还是会被时间所摒弃。正是本着中华民族的这种“德”行，多少中华名士用他们身上的美德征服了世人，用他们的宽容征服了世界。

人生在世，总会有许多风雨坎坷，怎样活得痛快，活得潇洒，也是我们面临的一个问题。其实，只要你豁达些、宽容些，许多问题就会迎刃而解了。

宽容豁达是一种博大的胸怀、超然洒脱的态度，也是人类个性最高的境界之一，也是一种“德”。一般说来，豁达开朗之人比较宽容，能够对别人不同的看法、思想、言论、行为以至他们的宗教信仰、种族观念等都给予理解和尊重，不轻易把自己认为正确或者错误的东西强加于别人。

豁达是一种宽容，恢宏大度，胸无芥蒂，吐纳百川。豁达的人心大、心宽。只要用积极乐观的人生态度去对待一切，你的心胸就会随之宽广起来，你这个人就会变得豁达起来。

当然，宽容并非等于无限度地容忍别人，也并不等于对已构成危害的犯罪行为加以接受或姑息。但对于个人而言，宽容往往会有更好的人际关系，自己在心理上也会减少仇恨和不健康的情感；对于一个群体而言，宽容无疑是创造一种和谐气氛的调节剂。

因此，宽容是建立良好的人际关系的一大法宝，以德服人是你拥有凝聚力的重要武器。只有用“德”去治人，治你的事业、天下，你才会信心百倍地走向成功，同时也是一个人完善个性的体现。

宽容是能够让人养成品德高尚的习惯，我们应该拥有这个习惯，从现在开始，让宽容、豁达主宰你的品行，开创你的美好人生。

周作人平时行事总是一团和气，以德待人，他是以态度温和著名的。相貌上，周作人中等身材，穿着长袍，脸稍微圆，一副慈眉善眼的样子。他对来访者也是一律不拒，客气接待，与来客对坐在椅子上，不忙不迫，细声微笑地说话，几乎没有人见过他横眉竖目、高声呵斥的样子，尽管有些事情足可把普通人的鼻子都气歪。据说有个时期，他家有个下人负责里外采购什么的。此人手脚不太干净，常常揩油。当时用钱要把银圆换成铜币，时价是1银圆换460铜币。一次周作人与同事聊天谈及，坚持认为时价是200多，并说他家的下人一向就是这样与他兑换的，众人于是笑他受了骗。他回家一调查，不仅如此，下人还有把整包大米也偷走的事。他没有办法，一再鼓起勇气，把下人请来，委婉和气地说："因为家道不济，没有许多事做，希望你高就吧。"不知下人怎么个想法，忽然跪倒，求饶的话还没出口，周作人大惊，赶紧上前扶起，说："刚才的话算没说，不要在意。"

任大官时，周作人的一个旧学生穷得没办法，找他帮忙谋个职业。一次去问时，恰逢他屋内有客，门房便挡了驾。学生疑惑周在回避推托，气不打一处来，便站在门口耍起泼来，张口大骂，声音高得足以让里屋也听得清清楚楚。谁也没想到，过了三五天，那位学生得以上任了。有人问周作人，他那样大骂你，你反而任用他是何道理。周作人说："到别人门口骂人，这是多么难的事，可见他境况确实不好，太值得同情了。"

正是这种胸怀，正是这样的品德，为周作人赢得了无尽的声誉，也为中华民族造就了无数名士，为我们养成这样的做事习惯树立了榜样。

心灵启迪

一个人如果心胸狭窄，没有一颗宽容的心，不会与人为善，不懂得与人合作，那么他难免会滑入“有才无德”的黑暗隧道。

摆脱忌妒心理

你的一位朋友获得了哈佛大学的奖学金，即将出国，你是禁不住地赞道：“真棒！”还是心里酸酸地说：“咳，傻小子有傻福呗……”

你的一位女性朋友，嫁了一位老美，就要随夫到国外定居。你是衷心祝福她，还是在背后撇嘴：“就她那长相，也就老外能看上……”

某天，你听人谈起某位过去在单位不得志的同事下海几年后发了，现在有自己的公司，你的第一反应是高兴，还是来一句：“没准儿是发的不义之财吧……”

和你同时参加工作的某君，现在已是处长了。每次他见了你，都会热情地打招呼。你是同样大方自然呢，还是在心里暗自说道：“不就是当了个破官儿嘛，看那假惺惺的样子……”

如果你的表现是后者，那你就是忌妒了。而忌妒，用著名诗人艾青的话来说，是“心灵上的肿瘤”。你要是不警惕，不痛下决心把它割掉，它就会像锈蚀铁那样，以自身的气质腐蚀自己。

忌妒，作为人性的弱点，几乎谁都会有那么一点。这是人性中残存的动物的一面。据研究者说，许多动物都有忌妒的本性，一只狼会把比它多抢了猎物的同类咬死。据中国杂技团驯兽员夏世华讲，一只叫“红红”的小狗看到驯兽员接触一只叫“丽丽”的小狗较多，它竟然忌妒地把“丽丽”咬死了。我们虽早已进化成了人，但这个动物本性却还未进化完全。当我们还是孩子时，就会对父母表现出的对其他弟弟、妹妹的“偏心”而心生不快，我们会因他们比自己多吃了一口蛋糕或多穿了一件新衣服而生气甚至哭闹。

日本学者诧摩武俊在《忌妒心理学》一书中说：“所谓忌妒，就是自己以外的人占了比自己优越的地位，或者是自己所宝贵的东西被别人夺取或将被夺取的时候所产生的感情。”

他说：“这种感情是一种极欲排除别人优越的地位或想破坏别人优越的状态，含有憎恨的非常激烈的感情。有了这样激烈的感情，而不一定立刻显现于表面，这就是忌妒。在引发事端的场合，反而是冰山一角，许多忌妒都是深藏在人们的心中的，暗中发酵，以歪曲的形态暴露出来。”

忌妒使我们放弃对自身利益的关注，别人的优势恰好映照出我们的不足。忌妒有推动力，但是它不能给我们正确的导航。它给我们指明一条道路，但是却让我们去妨碍和伤害别人。

忌妒是发生在自己最熟悉的圈子里的，我们普通老百姓不会去忌妒国家首脑所拥有的特权、亿万富翁取得的财富，但我们却不能容忍周围的人超越我们半步，故而这种心理会对我们造成切实的伤害。你只要发现别人进步比你快，运气比你好，你心中便酸溜溜地不舒服，说话也不自觉地尖刻起来，甚至还会做出一些小动作来，你有了这样的行为方式，谁还会同你在一起互帮互助？到头来只能伤害到自己。

每个人难免都会有些忌妒心在作祟，因此，每当看到别人发生不幸的时候，有时候幸灾乐祸的感觉就会油然而生。这种情况，最常发生在那些与我们有利害关系的人身上，如此一来，我们就会觉得似乎又少了一个竞争的对手了。

虽然忌妒是人普遍的也可以说是天生的缺点，但我们绝不可因此而忽视它的危害性。趁着它还只是我们心灵里的小小肿瘤，我们就要赶快诊治它，以免它发展下去，成恶性癌变。

苏秦就曾经叹谓：“此一人之身，富贵则亲戚畏惧之，贫贱则轻易之，况众人乎！”

梅兰芳与齐白石是一对挚友，当时齐白石还没出名，但当梅兰芳见到齐白石时，却是那么恭敬地与之交谈，使在场宾客大为惊讶。齐白石十分感动，特意画了一幅《雪中送炭图》，并题诗赠给梅兰芳：“记得前朝享太平，布衣尊贵动公卿。如今沦落长安市，幸有梅君识姓名。”这是画家以其特有的语言表达他的感激之情。

心灵启迪

一个人，如果没有一个宽广的胸怀，就不能吸收到足够的养分，就会变得一无所有。

不要关闭心的大门

人生活在群体之中，必须要适应社会，懂得合群。那些自我封闭拒绝一切的心态犹如一个套子，套住了自己的心，成为与他人正常交往的障碍。

有一位女孩，读高中一年级。随着青春期的到来，她慢慢地产生了摆脱父母的心理，开始有自己的书房和小书桌，每天偷偷地写日记，藏在抽屉中，不让妈妈看。她希望用自己的内心去体验世界，可是面对纷繁的现实世界、繁杂的人际关系以及沉重的学习压力，她又感到一种出自内心的不安全感。

于是，她开始变得孤僻，害怕人际交往，在内心深处产生一种莫名其妙的封闭心理。有时，一个人跑到小河边望着宁静的河水流泪，顾影自怜。她渴望与同学们进行交往，羡慕其他同学能快快乐乐、无忧无虑地参加集体活动，可她又害怕主动与别人交往，还抱怨别人对她不理解、不接纳。

其实这个女孩这时已经陷入一种自我封闭的怪圈。自我封闭是一种非常可怕的毛病，有这种毛病的人孤单寂寞，与外界隔绝，生活在个人小圈子里，难以与人交往，发展到一定程度，就成为一种心理疾病。

世界著名心理学家马斯洛的自我实现心理学，提出了人的自尊需要。其实，每个人都希望自己得到公众的尊重和喜欢，但是这种自尊的需要不仅仅是自己本人的一种希冀，能否在事实上得到，取决于公众对自己言谈、举止、行动的评价和肯定。

如果说将自尊的需要作为一种行动去指导自己的行为，这本没有理论上的错误，问题是这种自尊心理不能过分。一个人在社交中的过分自尊心理占据指导和支配地位，就会怕自己的行为失当，担心人们会怎么看待自己，甚至有时会因为过分自尊心理之故，而不愿与比自己强的人交往，担心相比之下，会掉自己的“价”，失去尊重。如此思来想去，就会把自己封闭起来，不愿与外界往来，慢慢地，就难以适应现代社会了。

心灵启迪

真诚地对待别人，不掩藏、不惧怕、不害羞，就会走出自我封闭的阴影。

保持积极的心态

所罗门国王在《圣经》里有句箴言说：“他的心怎样思量，他的为人就是怎样。”换言之，人们相信会有什么结果，就可能有什么结果。人不可能取得他并不追求的成就。人不相信他能达到的成就，他便不会去争取。当一个消极心态者对自己不抱很大期望时，他就会将自己取得成功的能力“嘭”的一声封了顶，他成了自己潜能的最大敌人。

转变不良心态

一般来说，消极的人总会想起倒霉的事，满脑子都是事情的阴暗面，即使快乐已经来临，他们仍然会忧心忡忡。下雨了，积极的人会企盼雨过天晴，企盼新鲜的空气，而消极的人却为泥泞的道路犯愁，为路边的小草伤神。

当然，持有消极心态的人并不是完全不能转变成一个具有积极心态的人的，只要他认真参加成功心理训练，就会摆脱忧愁、阴影、消极意识，轻装上阵，以乐观、自信的心理直面人生。在成长的过程中，特别重要的是要有积极的心态。

有位初三的中学生埋怨自己没有朋友，她很想交到一些好朋友，可是大家都不愿和她玩，即使那些新交的朋友，也不能保持长久。为什么呢？原来，大家都不喜欢她的消极态度。每次出去郊游，刚一出门，她就开始埋怨："这鬼天气，要是再凉快一点就好了！""路上怎么这么多人，烦死了！""哎呀，我的新衣服非被搞脏了不可！我的鞋可不能被踩脏了！"在考试前，她也不断地给自己泄气："完了，这次肯定又考不好了。""要是遇到没有复习过的题目可就糟了！"

试想，哪个同伴愿意听她喋喋不休地说那些消极的想法，久而久之，大家便对她敬而远之了。而且，因为她每天看到、想到的都是消极的、不好的事情，时间长了，她竟然不会笑了，整日愁眉苦脸，即使偶尔笑一下，也只是咧咧嘴，样子和哭差不多。

后来，老师给她提出建议，希望她在与朋友交往的时候多说一些积极的话，经常对朋友微笑，自己一个人的时候，也要时常对着镜子笑。这位中学生照着老师的话去做了。当再次与朋友出去玩时，她微笑着对朋友说："今天天气真好！""你的这件衣服真漂亮！"当她的鞋子被弄脏了时，也不再像以前那样大惊小怪了，而是笑笑说："没关系，这样玩起来才尽兴。"考试来临，她鼓励自己："我一定要考出好成绩。"没考好的时候，她对自己说："等着吧，瞧我下一次的！"如今，她已经告别了孤独，拥有了许多要好的朋友，大家都愿意和她在一起。她的脸上总是带着微笑，自己也觉得每天的心情特别好。

心灵启迪

心态的转变会给人带来巨大的变化，让人以积极的心态面对生活，生活就会变得更加美好。

以乐观的心态做事

日本著名企业家西村金助正是利用了积极的心态使自己成为富翁的。他原来是一个穷光蛋，经常吃不饱饭，过着有上顿没下顿的日子。可是，他却对别人说自己总有一天会成为大富豪的。凡是听到这话的人都笑话他“不自量力”、“痴人说梦”。可西村金助对自己将来能成为有钱人一点儿也不怀疑。这种积极的心态使他顽强进取，处处留心生活中有可能使他发财的机会。

为了尽快富起来，他借钱办了一个小玩具厂，专门制造沙漏。沙漏是一种古董玩具，在时钟未发明之前，人们用它来预测时间。有了时钟以后，沙漏成了古董。可是，西村金助的生意并不好，每年只能销售很少的沙漏，工厂已经濒临倒闭。这时，那些说他“不自量力、痴人说梦”的人又站出来嘲笑他。对此，西村金助丝毫不在意，他相信自己一定能够找到一个很好的解决办法。机会终于来了。

一天，他看到一本讲赛马的书，书上说：“马匹在现代社会失去了它的运输功能，但是又以高娱乐的价值出现。”西村金助是个有心人，他灵感突然出现了：“对，我一定能够找到沙漏的新用处！”他振作起来，把全部身心都投入到沙漏研究上。经过苦苦思索和研究，他决定做成一个限时3分钟的沙漏，在3分钟里，沙漏里的沙子就会全部漏下来。把这种沙漏挂在电话机旁边，这样，人们在打电话时就不会超过3分钟了，就可以节省许多电话费。

新设计的沙漏一上市，销路很好，平均每个月能销出3万个。原本即将破产的小工厂一夜之间成了大企业，西村金助摇身一变成了大富豪。

西村金助成功了，他终于实现了自己的理想。他的成功取决于积极的心态。然而，有些人却觉得自己在奔向成功的路上走得太累，他们一遍一遍对自己说“我不行了”，“我没力气了”，“我无法到达终点”。这些消极的思想压着你，就像一个要长途跋涉的人背着无用的大包袱一样，使你看不到希望。

如果你已经发现自己的心态有些消极，那么就需要尽快行动起来，对自己来个大扫除，剔除大脑中所有消极的东西。然后，再把腾空了的地方装上积极的念头和想法。在教育孩子的时候，也要多给他们一些积极的、乐观向上的熏陶，帮助孩子们体验生活中的美好事物。如果自己遇到了困难，也要用积极的态度去处理，有时候，潜移默化的教育比滔滔不绝的说教更管用。

愉快乐观的态度是成功者关键的品质之一。就从现在开始锻炼自己吧，时常对自己说“好”、“妙极了”、“我喜欢”、“我能行”、“我是一个健康的人”、“我很孝敬父母”，等等。如果你这样做下去，用不了多久，你就会发现一个崭新的自己。

心灵启迪

结交朋友需要积极的心态，做事情同样需要保持积极向上的心态。

不要杞人忧天

也许你正走在正确的前进道路上，但是突如其来的忧虑却像洪水般包围你，让你迷失本来的正确方向。

黄昏时刻，有一个人在森林中迷了路。天色渐渐地暗了，眼看黑幕即将笼罩，黑暗的恐惧和危险，一步步逼近。这个人心里明白：只要一步走差，就有掉入深坑或陷入泥沼的可能。在树丛后面潜伏着饥饿的野兽，正虎视眈眈地注意着他的动静，一场狂风暴雨式的恐怖正威胁着他，侵袭着他。万籁无声，对他来说是那么恐怖和孤单。

这时，黑暗的夜空中，几颗微弱的星光一闪一烁，似乎带来了一线光明，却又不时地消失在黑暗里，留给人迷茫。但是对汪洋中的溺水者来说，一根空心的稻草都是珍贵的，都认为是救命的宝筏，虽然一根稻草是那么无济于事。

突然间，眼前出现一位流浪汉踽踽独行，他不禁欢呼雀跃，上前叫住，探询出去的路途。这位陌生的流浪汉很友善地答应帮助他。走呀走，他发现这位陌生的流浪汉和他一样迷路了。于是他失望地离开了这位迷路的陌生伙伴，再一次回到自己的路线上来。

不久，他又碰上了第二个陌生的人，那人肯定地说他拥有逃出森林的精确地图，他再次跟随这个新的伙伴，终于发现这是一个自欺欺人的人，他的地图只不过是他自我欺骗的幌子而已。于是他陷入了深深的绝望之中，他曾经竭力问他有关走出森林的知识，但他的眼神后面隐藏着忧虑和不安，他知道：他和自己一样地迷茫。

他漫无目的地走着，一路的惊慌和失措，使他由彷徨、失落到恐惧。无意间，当他把手插入口袋时，找到了一张正确的地图。

他若有所悟地笑了：原来它始终就在这里，只要按照自己的想法去寻找就行了。从前他太忙，忙着询问别人，反而忽略了最重要的事情。

如同这个人一样，你天生具有一份内在的地图，指引你离开忧虑和沮丧的黑森林。这个故事告诉我们，情绪性的忧虑是多余的。

不要把忧虑和恐惧隐藏在心中。许多人有忧虑与不安时，总是将之深藏在心间，不肯坦白说出来。其实，这样做是很愚蠢的。内心有忧虑、烦恼，应该尽量讲出来，这不但可以给自己从心理上找出一条出路，而且有助于恢复头脑的理智，把不必要的忧虑除去，同时找出消除忧虑、抵抗恐惧的方法。

心灵启迪

不要怕困难，只有不怕困难的人，才可以战胜忧虑和恐惧。

做自己想做的事

在生活中，那些成功人士之所以获得成功，是因为他们能在逆境中坚持做自己想做的事。

艾丽丝是美国夏威夷一家制衣公司设计部门的员工，她们公司一直在生产着传统的夏威夷人喜欢穿的罩袍。这些罩袍只有一种尺码，花色单一，款式陈旧，而且由于是成批生产，制作得极为粗糙，看上去千篇一律，一点也不适合人们在各种场合穿戴。

艾丽丝决定对罩袍进行改进，并且立即把这个想法付诸行动。她想先为自己缝制一件罩袍，并穿在身上，这样将来在公司对罩袍进行改进时就更有说服力了。

于是，她买来了能体现个性特色的印花布，通过精心地裁剪，使罩袍不仅保持原来舒适自然的特点，又能够适合自己的身材尺寸，此外，她还为罩袍精心设计了漂亮的花边。这种特殊的设计，马上引起了房东太太的兴趣，要求艾丽丝为自己照样缝制一件。穿上艾丽丝为她量身定制的传统罩袍，房东太太惊喜异常，她怎么也没有想到，这种司空见惯的传统服装，居然也可以做得如此适合自己的身材。

当艾丽丝把她想改进公司生产的传统罩袍的想法告诉同事们时，几乎人人都惊讶地连连摇头："难道你不知道在夏威夷各大旅馆、服装店和旅游中心陈列着成千上万件罩袍？它们都是传统式样，没有人敢去改进它啊！"

然而，艾丽丝却不这么想，她决心要试一试。因为，她坚持这样一个准则：只要想做，就立即去做。

艾丽丝把自己的想法告诉了公司经理，立即得到了经理的支持。她便亲自去负责选购布料和为上门的顾客测量尺寸大小，然后将布料交给其他同事去裁剪和缝制。就这样，在这家生产传统罩袍的公司里，开始生产出了一件件漂亮又适合人们身材的新式罩袍，公司的生意开始红火起来。在艾丽丝的努力下，后来公司还把这种独特的服装推销到了美国本土的其他许多城市。

而艾丽丝则凭着"做自己想做的事"的行为准则，赢得了经理的青睐，从一个普通的设计员工被提拔为公司的首席设计师，获得了巨大的成功。

然而，遗憾的是，在生活中，很多人没有艾丽丝那样的勇气去做自己喜欢做的、想做的事，因为担心自己无法胜任，担心失败，担心遭人议论，担心自己的决策是错误的……因此我们经常看到这样的情况：推销员羡慕医生成天待在办公室里，不用在外面受风吹日晒，而且能拿着高薪；工程师羡慕自己的同事有勇气离开公司，去另立门户，独立创业；公交车司机羡慕出租车司机，有自由的上下班时间，自由的行车路线，而自己得按时上下班，每天重复着那条必经的路线，不能少一个站，也不能多一个站……

心灵启迪

做自己想做的事，才会开心快乐，才会最大限度地发挥你的创造力，才能获得更大的成就和快乐。